Advances in Anatomy, Embryology and Cell Biology
Ergebnisse der Anatomie und Entwicklungsgeschichte
Revues d'anatomie et de morphologie expérimentale

Springer-Verlag Berlin · Heidelberg · New York

This journal publishes reviews and critical articles covering the entire field of normal anatomy (cytology, histology, cyto- and histochemistry, electron microscopy, macroscopy, experimental morphology and embryology and comparative anatomy). Papers dealing with anthropology and clinical morphology will also be accepted with the aim of encouraging co-operation between anatomy and related disciplines.

Papers, which may be in English, French or German, are normally commissioned, but original papers and communications may be submitted and will be considered so long as they deal with a subject comprehensively and meet the requirements of the "Advances".

For speed of publication and breadth of distribution, this journal appears in single issues which can be purchased separately; 6 issues constitute one volume.

It is a fundamental condition that submitted manuscripts have not been, and will not simultaneously be submitted or published elsewhere. With the acceptance of a manuscript for publication, the publisher acquire full and exclusive copyright for all languages and countries.

25 copies of each paper are supplied free of charge.

Die Ergebnisse dienen der Veröffentlichung zusammenfassender und kritischer Artikel aus dem Gesamtgebiet der normalen Anatomie (Cytologie, Histologie, Cyto- und Histochemie, Elektronenmikroskopie, Makroskopie, experimentelle Morphologie und Embryologie und vergleichende Anatomie). Aufgenommen werden ferner Arbeiten anthropologischen und morphologisch-klinischen Inhalts, mit dem Ziel, die Zusammenarbeit zwischen Anatomie und Nachbardisziplinen zu fördern.

Zur Veröffentlichung gelangen in erster Linie angeforderte Manuskripte, jedoch werden auch eingesandte Arbeiten und Originalmitteilungen berücksichtigt, sofern sie ein Gebiet umfassend abhandeln und den Anforderungen der „Ergebnisse" genügen. Die Veröffentlichungen erfolgen in englischer, deutscher und französischer Sprache.

Die Arbeiten erscheinen im Interesse einer raschen Veröffentlichung und einer weiten Verbreitung als einzeln berechnete Hefte; je 6 Hefte bilden einen Band.

Grundsätzlich dürfen nur Arbeiten eingesandt werden, die nicht gleichzeitig an anderer Stelle zur Veröffentlichung eingereicht oder bereits veröffentlicht worden sind. Der Autor verpflichtet sich, seinen Beitrag auch nachträglich nicht an anderer Stelle zu publizieren.

Die Mitarbeiter erhalten von ihren Arbeiten zusammen 25 Freiexemplare.

Les résultats publient des sommaires et des articles critiques concernant l'ensemble du domaine de l'anatomie normale (cytologie, histologie, cyto- et histochimie, microscopie électronique, macroscopie, morphologie expérimentale, embryologie et anatomie comparée). Seront publiés en outre les articles traitant de l'anthropologie et de la morphologie clinique, en vue d'encourager la collaboration entre l'anatomie et les disciplines voisines.

Seront publiés en priorité les articles expressément demandés, nous tiendrons toutefois compte des articles qui nous seront envoyés dans la mesure où ils traitent d'un sujet dans son ensemble et correspondent aux standards des «Revues». Les publications seront faites en langues anglaise, allemande et française.

Dans l'intérêt d'une publication rapide et d'une large diffusion les travaux publiés paraitront dans des cahiers individuels, diffusés séparément: 6 cahiers forment un volume.

En principe, seuls les manuscrits qui n'ont encore été publiés ni dans le pays d'origine ni à l'éntranger peuvent nous être soumis. L'auteur s'engage en outre à ne pas les publier ailleurs ultérieurement.

Les auteurs recevront 25 exemplaires gratuits de leur publication.

Manuscripts should be addressed to/Manuskripte sind zu senden an/Envoyer les manuscrits à:

Prof. Dr. A. BRODAL, Universitetet i Oslo, Anatomisk Institutt, Karl Johans Gate 47 (Domus Media), Oslo 1/Norwegen

Prof. W. HILD, Department of Anatomy, Medical Branch, The University of Texas, Galveston, Texas 77550/USA

Prof. Dr. J. van LIMBORGH, Universiteit van Amsterdam, Anatomisch-Embryologisch Laboratorium, Mauritskade 61, Amsterdam-O/Holland

Prof. Dr. R. ORTMANN, Anatomisches Institut der Universität, Lindenburg, D-5000 Köln-Lindenthal

Prof. Dr. T. H. SCHIEBLER, Anatomisches Institut der Universität, Koellikerstraße 6, D-8700 Würzburg

Prof. Dr. G. TÖNDURY, Direktion der Anatomie, Gloriastraße 19, CH-8006 Zürich/Schweiz

Prof. Dr. E. WOLFF, Collège de France, Laboratoire d'Embryologie Expérimentale, 49 Avenue de la belle Gabrielle, Nogent-sur-Marne 94/Frankreich

Advances in Anatomy, Embryology and Cell Biology
Ergebnisse der Anatomie und Entwicklungsgeschichte
Revues d'anatomie et de morphologie expérimentale

52/6

Editors: A. Brodal, Oslo · W. Hild, Galveston
J. van Limborgh, Amsterdam · R. Ortmann, Köln
T.H. Schiebler, Würzburg · G. Töndury, Zürich · E. Wolff, Paris

Gerhard Nobiling

Die Biomechanik des Kieferapparates beim Stierkopfhai

(Heterodontus portusjacksoni
= Heterodontus philippi)

Mit 25 Abbildungen

Springer-Verlag Berlin Heidelberg New York 1977

Dr. Gerhard Nobiling, Ruhr-Universität Bochum, Institut für Anatomie, Arbeitsgruppe für funktionelle Morphologie, Universitätsstraße 150, Gebäude MA 01/551, D - 4630 Bochum

ISBN 978-3-540-08038-1   ISBN 978-3-642-66552-3 (eBook)
DOI 10.1007/978-3-642-66552-3

Library of Congress Cataloging in Publication Data. Nobiling, Gerhard, 1943- Die Biomechanik des Kieferapparates beim Stierkopfhai (Heterodontus portusjacksoni = Heterodontus philippi). (Ergebnisse der Anatomie und Entwicklungsgeschichte; 52/6). Summary in English. Bibliography: p. 1. Port Jackson shark. 2. Jaws. 3. Fishes-Anatomy. Functional anatomy. I. Title: Die Biomechanik des Kieferapparates beim Stierkopfhai... II. Series: Advances in anatomy, embryology and cell biology; 52/6. QL801.E67 vol. 52/6 [QL838.I5.H4] 574.4'08s [597'.31] 76-54334

This work is subject to copyright. All rights are reserved, whether the whole or part of the materials is concerned specifically those of translation, reprinting, re-use of illustrations, broadcasting, reproduction by photocopying machine or similar means, and storage in data banks.

Under § 54 of the German Copyright Law where copies are made for other than private use, a fee is payable to the publisher, the amount of the fee to be determined by agreement with the publisher.
© by Springer-Verlag Berlin-Heidelberg 1977.

The use of registered names, trademarks, etc. in this publication does not imply, even in the absence of a specific statement, that such names are exempt from the relevant protective laws and regulations and therefore free for general use.

Inhaltsverzeichnis

Einleitung 7

Material 8

Systematische Einordnung und heutiges Vorkommen 9
   A. Systematik 9
   B. Lebensgewohnheiten 9

Der Kieferapparat 10
  I. Die Morphologie des Kieferapparates 10
    A. Die Kaumuskulatur 10
      1. Die anatomischen Verhältnisse 10
      2. Die Wirkungslinien der Kaumuskulatur und die Relation der Muskelgrößen 14
    B. Die Kiefergelenke 15
    C. Die Kieferokklusion 15
    D. Der Zahnhalteapparat 17
      1. Kieferquerschnitte und Materialverteilung 20
      2. Der makroskopische und mikroskopische Aufbau des Zahnhalteapparates 20
    E. Der Kieferknorpel, makroskopischer und mikroskopischer Aufbau 23
    F. Die funktionelle Deutung des Zahnhalteapparates 27
  II. Die Statik des Kieferapparates 28
    A. Allgemeine Betrachtungen zur Mechanik der Kiefer ... 28
      1. Unterkiefer bei *Labidosaurus* 30
      2. Unterkiefer bei *Thrinaxodon* 30
      3. Unterkiefer bei *Diarthrognathus* 30
    B. Die von außen auf Ober- und Unterkiefer von *Heterodontus* einwirkenden Kräfte 30
    C. Die in einem Balken bei Biegung auftretenden inneren Kräfte 31
    D. Träger gleicher Festigkeit 32
    E. Berechnung der Widerstandsmomente des Kieferkörpers 34
    F. Festigkeitsprüfungen 38
      1. Druckversuche 38
      2. Zugversuche 40
      3. Diskussion der Versuchsergebnisse 40
    G. Richtung und Verlauf auftretender Spannungen 42

    1. Allgemeine Bemerkungen über Spannungstrajektorien 42
    2. Modellherstellung und Versuchsdurchführung 42
    3. Die Auswertung der Rißlinienbilder 47

Zusammenfassung 47

Summary 48

Literatur 49

Sachregister 52

Einleitung

Vor rund 350 Millionen Jahren dürfte die Klasse der Chondrichthyes entstanden sein, deren bekannteste Vertreter die modernen Haie sind. Die Untersuchung ihrer Morphologie erscheint interessant, weil sie einen Konstruktionszustand repräsentieren, der die Grundlage für das Verständnis von Phylogenie und Ontogenie vieler Wirbeltiere bildet. Bei der Erforschung des funktionellen Baues des cranialen Skelettes haben deshalb schon um die Jahrhundertwende Tiesing (1896), Sewertzoff (1899) und Luther (1908/1909) auf die Ordnung der Selachier zurückgegriffen. Leider gingen diese ersten Ansätze wie auch die Arbeiten von Garman (1913), Daniel (1915) und Graf Haller (1926) über Beschreibungen und Vergleiche kaum hinaus. Beim Menschen unternahmen zunächst Weigele (1921) und Richter (1921), später auch Molitor (1969) und Küppers (1971) den Versuch, mechanische Gesetzmäßigkeiten im Bau des Unterkiefers aufzufinden. Doch erst 1963 gelang es Crompton und Parkyn, die von säugetierähnlichen Reptilien ausgingen, allgemeine Regeln der Statik auf die Unterkieferentwicklung bei den Säugetieren zu übertragen. Sie kamen zu dem Schluß, daß in der Entwicklungsreihe zu den Säugetieren zwei Tendenzen eine wichtige Rolle spielen: die fortschreitende Gelenkentlastung und die effektivere Ausnutzung der Muskelkraft durch Anlage eines längeren Hebelarmes. Alexander (1968) beschäftigte sich allgemein mit Tiermechanik und widmete dem Gebiet der Unterkieferstatik bei Säugetieren einige Kapitel, wobei er hauptsächlich auf Crompton (1963) zurückgriff. Alle diese Untersuchungen beschäftigen sich rein theoretisch hauptsächlich mit der Kaumuskulatur, deren Zugrichtung, deren Hebelarmen und der sich daraus ergebenden mechanischen Beanspruchung des Kiefers.

Um die auftretenden Muskel- und Kaukräfte ungefähr bestimmen zu können und so einen Einstieg in die Lösung des Problems der Mechanik des Säugetierunterkiefers zu finden, haben einige Autoren aus dem Querschnitt der Muskelfasern und ihrem Gewicht die theoretisch mögliche Muskelkraft errechnet wie z. B. Schumacher (1961). Andere Autoren haben Kaudruckmessungen vorgenommen. Sie bedienten sich dabei sowohl mechanischer als auch elektronischer Meßvorrichtungen. Erwähnenswert sind die Arbeiten Habers (1927 a, b) und Morellis (1920, 1928, 1933) und in jüngerer Zeit von Uhlig (1953), Schreiber (1957) und Rohrbach et al. (1958). Beim Vergleich der erhaltenen experimentellen Versuchsergebnisse mit den Werten, die mit Hilfe der Hebelgesetze errechnet wurden, traten im Molarenbereich Widersprüche auf. Auch Preuschoft (mündl. Mittlg.) hat 1973 versucht, unter standardisierten Reizen die Beißkraft an verschiedenen Stellen des Zahnbogens zu messen. Die Experimente wurden an Opossum, Katzen und Makaken durchgeführt. Die dabei auftretenden Ergebnisse sind nicht mit den geläufigen Regeln der Mechanik, sondern lediglich durch ein überraschendes und im Einzelnen noch nicht definierbares Verhalten der Muskulatur erklärbar. Schreiber et al. begannen 1970 die spannungsoptischen Untersuchungsmethoden, die Pauwels (1949/50) und Kummer (1956) zur Untersuchung der Spongiosaarchitektur in den großen Röhrenknochen der unteren Extremitäten angewandt hatten, auf den menschlichen Unterkiefer zu übertragen. Küppers (1971) unternahm dann eine ausführliche Analyse der funktionellen Struktur des Winkelbereichs und des aufsteigenden Astes des menschlichen Unterkiefers.

Problematisch bei allen Untersuchungen erwies sich die statische Unbestimmtheit des Systems. Wenn trotzdem Ergebnisse erzielt werden sollen, gilt es eine Form zu finden, bei der

1. einfache statische Bedingungen vorliegen,
2. übersichtliche Muskelverhältnisse herrschen und
3. einfaches, wenn möglich homogenes Material für den Aufbau des Kieferapparates verwendet wird.

Dafür bietet sich der rezente Hai *Heterodontus* an, bei dem Ober- und Unterkiefer fast gleich und nur aus Knorpel gebaut sind. Beide Kiefer besitzen eine Form, die der Gestalt des Unterkiefers bei manchen Tier-Primaten ähnlich ist. Die Analyse der auftretenden Spannungen in einem solchen Kiefer kann also möglicherweise auf die Verhältnisse im Primatenkiefer übertragen werden. Der Vergleich besitzt jedoch nur für den Kieferkörper Gültigkeit, nicht für den Kieferwinkel und den aufsteigenden Ast, der bei *Heterodontus* nicht ausgebildet ist und für den Studien am Menschen bereits vorliegen (vgl. Küppers, 1971). Die Oberkiefer der Haie sind nicht mit dem Cranium verwachsen. Die Art der Kieferaufhängung bei *Heterodontus* bezeichnet Goodrich (1930) als amphistyl, d. h. der Kieferapparat ist über den Oberkiefer und den Hyoidbogen gegen das Cranium abgestützt. Es besteht die Möglichkeit, den gesamten Kieferapparat durch Führungsrinnen am Cranium in sagittaler Richtung rostralwärts zu verschieben. Daher ist der Oberkiefer statisch bestimmt im Gegensatz zu den Säugetieren, bei denen andere statische Bedingungen vorliegen. Ihre Art der Kieferaufhängung bezeichnet man als holo- oder autostyl. Das bedeutet, daß der Oberkiefer fest mit dem Cranium verwachsen ist.

Die mechanischen Verhältnisse bei *Heterodontus* erscheinen auch wegen der stark ausgeprägten Kaumuskulatur (die Muskeln verbinden zum Teil nur Ober- und Unterkiefer) und der vorhandenen Heterodontie untersuchenswert.

Haie der Gattung *Heterodontus* waren und sind auf Grund ihres Vorkommens seit dem Jura für Palaeontologie, Biologie und andere Disziplinen ein interessantes Forschungsobjekt. Besonders in jüngster Zeit haben eine Reihe von Autoren Arbeiten auf dem Gebiet der Physiologie (Jensen, 1970; Grigg, 1971; 1972; Satchell et al., 1972; Stokes et al., 1971; Frommel et al., 1971 und Litman et al., 1972), Ökologie (Mc Laughlin/O'Gower 1972 a, b) und Odontologie (Grady, 1970; Moss, 1971 und Reif, 1973 a, b) von *Heterodontus* veröffentlicht.

Material

Das dem Verfasser vorliegende Material[1], war in Formol-Alkohol fixiert. Es standen neun Exemplare von *Heterodontus portusjacksoni* zur Verfügung, deren Kiefer in drei Fällen entfleischt waren, während in vier Fällen die Kaumuskulatur nur teilweise vorhanden war und nur in zwei Fällen die gesamte Schädelmuskulatur komplett erhalten vorlag. Es handelte sich dabei um ein adultes weibliches Exemplar von 108 cm Körperlänge und ein adultes männliches Exemplar von 99 cm Körperlänge. Darüber hinaus stand dem Verfasser noch ein juveniles, weibliches Exemplar der Art *Heterodontus japonicus* von 42 cm Körperlänge zur Verfügung.

Systematische Einordnung und heutiges Vorkommen

A. Systematik

Systematisch ordnet Romer (1966) *Heterodontus* wie folgt ein:

Klasse	–	Chondrichthyes
Unterklasse	–	Elasmobranchii
Ordnung	–	Selachii
Unterordnung	–	Heterodontoidea
Familie	–	Heterodontidae
Gattung	–	Heterodontus

In der Familie Heterodontidae finden sich nur wenige Arten einer einzigen Gattung zu einer kleinen, doch interessanten Gruppe zusammen, die Aussehen und Ernährungsweise seit ihrer Entstehung im Jura beibehalten hat.

Die Gattung *Heterodontus* ist somit die altertümlichste der Haie. Bei ihr sind noch einige Merkmale der allgemeinen Konfiguration der Cladodontiden und Hybodontiden erhalten. Schaeffer (1967) sagt deshalb, sie seien in ihrer Lebensweise auf dem Zustand vor 150 Millionen Jahren eingefroren. Romer (1966) nennt *Heterodontus* einen nur wenig modifizierten Nachkommen der Hybodontiden.

Alle acht rezenten Arten (Taylor, 1972) fehlen in Atlantik und Mittelmeer, finden sich sonst aber in allen gemäßigten und tropischen Meeren (Herald, 1961).

B. Lebensgewohnheiten

Die in Australien vorkommende Art, die ihren Namen nach einer alten Bezeichnung für Sydney erhielt, ist *Heterodontus portusjacksoni* (Port Jackson shark). Ihr Verbreitungsgebiet erstreckt sich von Süd-Australien und Süd-Queensland bis nach West-Australien einschließlich Tasmanien und Neuseeland. Er ist ein bis zu 1,20 m langer Bewohner der seichten Gewässer und Riffe des Südwest-Pazifik. Als nachtaktive Haiart verbringt er die meiste Zeit des Tages in Küstennähe auf dem Boden liegend in den schützenden Höhlen und Gräben der Riffe (Mc Laughlin, 1969). Er schwimmt langsam, bewegt kaum die großen Brustflossen und sucht zwischen Felsbrocken und Seetang nach Nahrung (Smith, 1942). Der Name *Heterodontus* bezieht sich auf die Bezahnung und Stellung der Zähne auf den Kiefer; vorn sind sie klein und spitz, hinten sind die Zähne groß und bilden ein Plaster aus flachen, kuppelförmigen Elementen.

---

[1] Herrn Dr. W. E. Reif vom Institut für Geologie und Paläontologie der Universität Tübingen, der mir seine Materialsammlung zur Verfügung stellte, sei an dieser Stelle herzlich gedankt

Eine solche Bezahnung ermöglicht es den Tieren, sich von Mollusken und Seeigeln zu ernähren, deren Panzer sie zermalmen können. Sie sind ovipar und legen eine kleine Anzahl von Eiern mit charakteristischen Spiralflanschen um die Kapsel herum ab, deren Entwicklung 7–8 Monate dauert (Marshall). Durch das Vorhandensein der Spritzlöcher und einer Nasen-Mund-Verbindung, besonders durch die kräftigen Kiemenkonstriktoren ist es *Heterodontus* möglich, auch in Ruhelage genügend Sauerstoff aufzunehmen. Er hat sich auf langsam schwimmende bzw. kriechende Beute spezialisiert und auf die Ausbildung einer besonders strömungsgünstigen Körperform verzichtet. Bei ihm hat sich nach dem Funktionswechsel des Mandibularbogens vom Saug-Schnappen zum funktionstüchtigen Beißapparat (v. Wahlert, 1970) eine besonders zur Zerkleinerung hartschaliger Nahrung geeignete Kiefer- und Schädelform mit entsprechender Muskulatur ausgebildet.

Der Kieferapparat

I. Die Morphologie des Kieferapparates

Die Beschreibung erfolgt in Anlehnung an die Arbeiten von Luther (1908, 1938) und Daniel (1915, 1934).

A. Die Kaumuskulatur

1. Die anatomischen Verhältnisse

Bei den Heterodontiden hat eine Differenzierung des ursprünglich einheitlichen M. constrictor dorsalis in einen kräftigeren vorderen M. levator palatoquadrati und einen schwächeren hinteren M. spicularis stattgefunden.

M. levator palatoquadrati. Der Muskel ist auffallend schwach im Verhältnis zum kräftigen Kieferapparat und verläuft in rostro-caudaler Richtung. Er hat einen trapezförmigen, innen kürzeren, außen breiteren Umriß, entspringt am ventro-caudalen Rand der Orbitawand und zieht schräg rostro-ventralwärts gerichtet zum Palatoquadratum, an dessen caudalem Teil er inseriert (Abb. 1a).

M. spicularis. Der Muskel entspringt, dem M. levator palatoquadrati angeschlossen, teils an der Orbitawand, teils an der Faszie des M. levator palatoquadrati und zieht dem Spritzloch angeschmiegt abwärts (Abb. 1a).

M. levator hyomandibularis. Der Muskel entspringt ventro-caudalwärts des Processus postorbitalis, verläuft schräg in rostro-caudaler Richtung und inseriert im mittleren Anteil des Hyomandibulare (Abb. 1a).

M. hyomandibulo-mandibularis. Der Muskel entspringt teils am Hyomandibulare, teils an der Faszie des M. levator hyomandibularis und ist von gedrungener, bauchiger Gestalt. Er zieht schräg in rostro-caudaler Richtung zur Mandibula, wo er dicht unterhalb des Gelenkes inseriert (Abb. 1a).

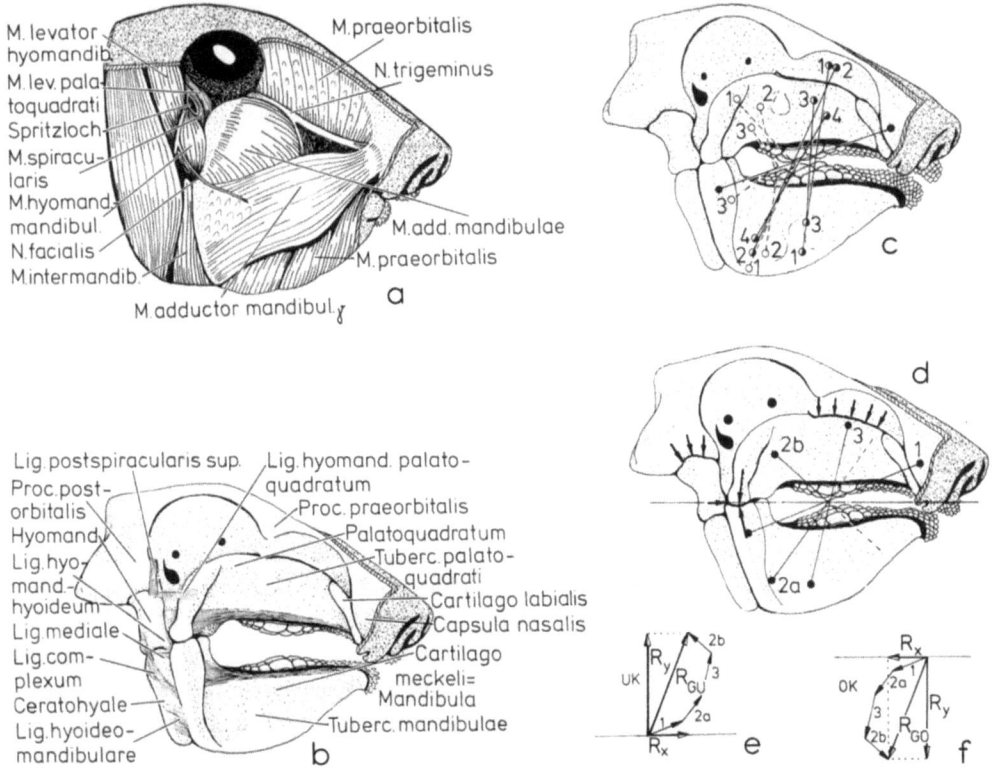

Abb. 1 (a) Schädelmuskulatur bei *Heterodontus*. (b) Kopfskelett mit Ligamenten. (c) Wirkungslinien der Muskeln: M. adductor mand. o, M. praeorbitalis. ⊙, M. adductor mand. γ •, (d) Resultierende der Wirkungslinien und Abstützung der Kiefer am Cranium. Kraftecke zur Ermittlung der auf den Oberkiefer (f) und auf den Unterkiefer (e) wirkenden Kräfte: M. add. mand. γ (1), M. add. mand. ½ (2a), M. add. mand. ½ (2b), M. praeorb. (3), R_{GO} Gesamtresultierende Ober-, R_{GU} Gesamtresultierende Unterkiefer

M. praeorbitalis. Dieser Muskel ist bei *Heterodontus* mächtig entwickelt, zugleich aber mit dem M. adductor mandibulae so innig verwachsen, daß eine genaue Abgrenzung oft schwierig wird. Bei vorsichtiger Praeparation ist bei adulten Exemplaren eine Unterteilung des M. praeorbitalis in vier Schichten festzustellen, wobei sich die einzelnen Anteile teilweise nur durch hauchdünne Faszien voneinander absetzen (Abb. 1a, 2).

Der Ursprung der obersten Schicht erstreckt sich von der lateralen und caudalen Wand der Nasenkapsel dem dorsalen Rand des Craniums folgend und hier eine Vertiefung ausfüllend caudalwärts. Er tritt an der ventralen Seite des Processus praeorbitalis in die Orbita ein und erstreckt sich caudalwärts fast bis zum Opticusloch. Außerdem wird die Ursprungsfläche caudal durch eine oberflächliche Aponeurose vergrößert. Der Muskel zieht ohne Unterbrechung zum Unterkiefer hinab, um dort zu inserieren (Abb. 2a). Nur einzelne Fasern der obersten Schicht werden im Bereich des Mundwinkels für eine kurze Strecke sehnig. Eine zusammenhängende Sehne jedoch existiert nicht. Dieser ununterbrochene Verlauf des Muskels vom Cranium zum Unterkiefer bedingt den sehr kleinen Mund und die ungewöhnlich rostrale Lage des Kieferapparates. Die im rostralen Teil des Muskels am weitesten medial gelegenen Fasern erreichen den Unterkiefer nicht, sondern inserieren teils am oberen, hinteren Lippenknorpel, auf den sie als

Heber wirken, teils an der Mundschleimhaut zwischen Ober- und Unterkiefer. Eine Abgrenzung zum benachbarten M. adductor mandibulae ist besonders in den tieferen Schichten manchmal kaum möglich, so daß ich aus funktionellen Gesichtspunkten die zweite Schicht, die sich sehnig unter den M. adductor mandibulae schiebt (Abb. 2b), dem M. praeorbitalis zuordne, ebenso wie den rostralen Anteil der tiefsten, vierten Schicht (Abb. 2d).

M. adductor mandibulae. Rostral, wo die Pars palatina vom M. praeorbitalis überlagert wird, ist der Muskel nur in Form einer dünnen, mit dem ersten Muskel verschmelzenden Schicht vorhanden. Der Ursprung des M. adductor mandibulae an der oberflächlichen Faszie geht ebenfalls ganz kontinuierlich in denjenigen des M. praeorbitalis über. Aus praktischen Gründen stelle ich von diesen oberflächlichen Fasern die mesiorostral vom N. trigeminus gelegenen zum M. praeorbitalis, die latero-caudal davon gelegenen zum M. adductor mandibulae (Abb. 1a). Der Verlauf dieses Muskels ist dorsorostral und rostro-ventral gerichtet. Von der obersten Schicht ziehen nur die lateralsten, am weitesten caudal entspringenden Fasern direkt zum Unterkiefer. Die große Mehrzahl der Fasern befestigt sich an der lateralen Seite einer breiten Aponeurose, die am Unterkiefer parallel dem Rand der Muskelgrube am Tuberculum mandibulae befestigt ist und in den Muskel hineinragt (Abb. 2b). Ihre Anheftungsstelle am Palatoquadratum ist das Tuberculum palatoquadrati. Am cranio-caudalen Ende des Muskels befindet sich eine oberflächliche Aponeurose, die einem großen Teil der Fasern der obersten Schicht des Muskels als Ursprung dient (Abb. 2). Diese Sehnenplatte erstreckt sich, am caudalen Ende der mandibularen Muskelgrube beginnend, am Gelenk vorbei und dem Rand der Muskelgrube des Oberkiefers folgend, craniorostralwärts. Ihre Anheftungsstelle am Palatoquadratum ist ebenfalls das Tuberculum palatoquadrati. Außer diesen beiden Sehnenplatten kommen noch einige kleinere Sehnen im Muskel vor. Die medialsten am

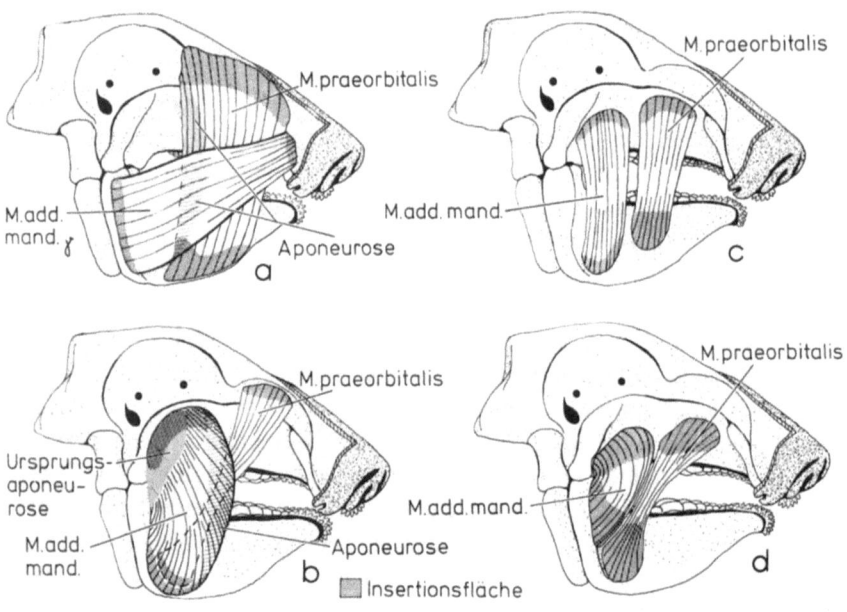

Abb. 2a–d. Insertionsflächen der Kaumuskulatur

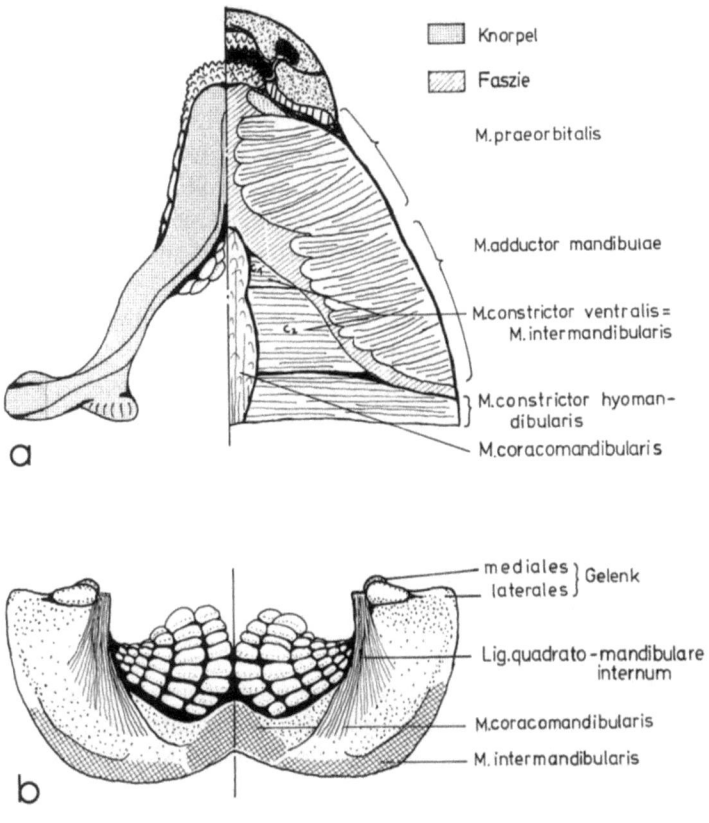

Abb. 3. (a) Rechts: Oberflächliche Muskulatur des Unterkiefers. Links: Unterkieferkörperansicht von ventral. (b) Unterkiefer, Ansicht von caudal

Unterkiefer entspringenden Fasern der dritten Schicht ziehen schräg cranio-rostralwärts bzw. ventro-rostralwärts zur Mundschleimhaut zwischen den Kiefern (Abb. 2d). Die darüberliegenden Fasern der zweiten Schicht dagegen ziehen fast senkrecht vom Oberkiefer zum Unterkiefer (Abb. 2c). Sehr auffällig ist eine oberflächliche Muskelportion, die Luther (1908/1938) mit M. adductor mandibulae γ bezeichnete. Sie entspringt teilweise lateral am ventralsten Teil der Ursprungsaponeurose, teilweise ist sie mittels einer breiten Sehne an der lateralen Faszie der Nasenkapsel befestigt (Abb. 2a). Die Insertion geschieht teils oberflächlich an der caudalen Faszie des M. adductor mandibulae, teils am lateralen Rand des Unterkiefers, teils gehen die Fasern caudal in die Tiefe sowie am ventralen Rand in die oberflächlichen ventralen Fasern der obersten Schicht des M. adductor mandibulae über. An der von Mc Laughlin (1971) bei der Nahrungsaufnahme von *Heterodontus portusjacksoni* beobachteten Protrusionsbewegung des Kieferapparates sind hauptsächlich zwei Muskeln beteiligt. Der M. levator palatoquadrati hebt den Oberkiefer und den mit ihm durch Ligamente verbundenen Unterkiefer an. Durch den Zug im Gelenkbereich erfolgt eine Neigung der rostralen Kieferspitzen nach ventral und eine Waagerechtstellung der vorher schräg rostro-dorsal verlaufenden Fasern des M. adductor mandibulae γ. Durch Kontraktion dieser Fasern rutscht nun der Oberkiefer samt Unterkiefer in den Führungsrinnen des Craniums auf einer schiefen, cranio-ventral geneigten Ebene nach vorn (Abb. 4c).

2. Die Wirkungslinien der Kaumuskulatur und die Relation der Muskelgrößen

Aus den Insertionsflächen der Kaumuskulatur (Abb. 2) und deren Faserverlauf lassen sich annähernd die Wirkungslinien der Muskelkräfte konstruieren (Abb. 1c). Beim M. adductor mandibulae ergibt sich die Besonderheit, daß er seine Kraft durch die Insertion an einer Sehnenplatte in Höhe der Kauebene in zwei unter einem Winkel zueinander stehende Wirkungslinien aufteilt. Die anderen Muskeln entfalten ihre Kraft in geraden Wirkungslinien. Die Richtung der einzelnen Muskelkräfte ist nun annähernd bekannt, die Relation der Muskelgrößen zueinander nicht. Sie kann durch eine Bestimmung der Massenverhältnisse der Muskulatur näherungsweise abgeschätzt werden (Preuschoft, 1961/1964). Die Schädelmuskulatur einer Seite eines juvenilen *Heterodontus portusjacksoni* wurde isoliert und in feuchtem Zustand gewogen, wobei sich folgende aus drei Messungen gemittelte Gewichtsverhältnisse ergaben:

M. levator palatoquadrati	0,74 g
M. hyomandibulo-mandibularis	1,49 g
M. levator hyomandibularis	2,24 g
M. adductor mandibulae γ	16,73 g
M. praeorbitalis	19,78 g
M. adductor mandibulae	27,24 g

Bei den zum Teil sehr kleinen Gewichten erscheinen Feuchtwägungen der Muskeln problematisch. Da das Material nur leihweise überlassen worden war, konnte kein Trockengewicht bestimmt werden. Bei einem Exemplar der Art *Heterodontus japonicus* (vgl. S. 9) wurden die Muskeln auch nach dem Trocknen gewogen:

M. levator palatoquadrati	0,014 g
M. hyomandibulo-mandibularis	0,028 g
M. levator hyomandibularis	0,043 g
M. adductor mandibulae γ	0,315 g
M. praeorbitalis	0,361 g
M. adductor mandibulae	0,537 g

Die ermittelten Trockengewichte der Muskulatur des verhältnismäßig kleinen *Heterodontus japonicus* ergeben etwa die gleichen Massenverhältnisse wie die Feuchtgewichte. Beim juvenilen *Heterodontus portusjacksoni* brachten sie in feuchtem Zustand im Durchschnitt das 52,5fache an Gewicht. Somit bleibt die Relation der einzelnen Muskeln zueinander erhalten. Aus der Muskelmasse und somit dem Muskelgewicht können Näherungsschlüsse auf die Kraftentwicklung gezogen werden. Auf eine genaue Berechnung, wie sie z. B. Schumacher (1961) bei Primaten durchführte, wurde im Hinblick auf die Themenstellung verzichtet, da hierfür eine grobe Abschätzung der möglichen Kraftentfaltung der Kaumuskulatur ausreicht. Die Muskelgewichte werden in Ermangelung genauerer Werte im Kräfteparallelogramm anstelle der absoluten Kräfte eingesetzt.

Faßt man die Wirkungslinien der einzelnen Muskelschichten zu Resultierenden der drei hauptanteiligen Kaumuskeln zusammen, ergibt sich das Bild der Abbildung 1d. Trage ich nun die Gewichtsanteile als absolute Größen unter ihrem jeweils vorgegebenen Winkel auf, so erhalte ich aus dem Kräfteparallelogramm bzw. der Vektorenschar die Gesamtresultierenden, ihre Größe und Richtung. Daraus kann ich gleichzeitig Schlüsse ziehen auf Richtung und Art der Abstützung der Kiefer am Cranium (Abb. 1d).

B. Die Kiefergelenke

Das Kiefergelenk ist bei *Heterodontus* in ein mediales und ein laterales Gelenk unterteilt (Abb. 4). Gegenbaur (1872) äußerte die Vermutung, daß das laterale Gelenk bei den Haien das Ursprünglichere sei, während sich das mediale erst später ausbildete. Er begründet seine Ansicht damit, daß es bei manchen Arten nur angedeutet ist.

Das kleinere, mediale Gelenk ist ähnlich dem der Säugetiere ausgebildet mit einem Gelenkkopf am Unter- und einer Gelenkpfanne am Oberkiefer. Die Grundfläche des Gelenkes bildet ein gleichseitiges Dreieck mit abgerundeten Ecken, dessen Grundseite caudalwärts zeigt. Das Caput mandibulae mediale ist um einen Winkel von etwa 45° zur Kauebene rostralwärts geneigt. Es ist somit in der Lage Kräfte aufzunehmen, die unter einem Winkel zwischen 90° und 0° zur Kauebene auftreten.

Das laterale Gelenk liegt am äußersten Ende des im caudalen Kieferbereich um 90° zur Median-Sagittal-Ebene (Abb. 4) abgewinkelten Kieferkörpers. Es weist eine mehr als doppelt so große Gelenkoberfläche auf wie das mediale. Das Caput mandibulae laterale ist eiförmig ausgebildet und befindet sich am Oberkiefer. Dieses laterale Gelenk nimmt den Druck in vertikaler Richtung zur Kauebene auf und ermöglicht dem Oberkiefer nur eine reine Scharnierbewegung. Zur Aufnahme von senkrecht zur Kauebene wirkendem Druck steht im Gelenk eine große Auflagefläche zur Verfügung.

Die Vergrößerung der Gelenkfläche durch die Ausbildung von zwei Gelenkteilen wurde durch das Abwinkeln des Kieferkörpers an seinem caudalen Ende ermöglicht. Der wirksamsten Ausnutzung der Kaukräfte und damit auch der Größe der Beutetiere ist eine Grenze im Öffnungswinkel von etwa 30° zwischen den Kiefern gesetzt. Über diesen Winkel hinaus hebt sich das mediale Gelenk aus seiner Pfanne, und die auftretenden Kräfte müssen ausschließlich vom lateralen Gelenk aufgenommen werden. Am lingualen Rand des medialen Gelenkes verläuft in dorso-ventraler Richtung ein sehr kräftig ausgebildetes Faserbündel, das Ligamentum quadratomandibulare internum, das eine zu weite Öffnung der Kiefer verhindert (Abb. 3b).

C. Die Kieferokklusion

Das Gebiß besteht aus mehreren Arten von Zähnen. Zum Packen der Beute befinden sich im rostralen Kieferbereich spitze Fangzähne. Diese gehen allmählich in abgeplattete Quetschzähne im caudalen Kieferbereich über. Die Hauptquetschzahnreihe mit den größten Zähnen befindet sich etwa in der Kiefermitte (Abb. 4).

Wie in den Abbildungen 1 und 2 zu sehen, liegt das laterale Kiefergelenk genau in Höhe der Kauebene, die durch die höchsten Spitzen der Fangzähne im Frontabschnitt und die Kuppen der am höchsten auf dem Kieferkamm stehenden Quetschzähne bestimmt ist. Bei der Kieferöffnungsbewegung wandert somit ein beliebig gewählter Punkt auf der Kaufläche eines Unterkieferzahnes auf einer Kreisbahn um das Gelenk als Mittelpunkt. Beim Biß auf ein Nahrungsstück wird Druck in Richtung der im betreffenden Punkt angelegten Tangente an diesen Kreisbogen ausgeübt. Erfolgt die Zerkleinerung der Nahrung bei angenähertem Kieferschluß, wird von den Zähnen fast ausschließlich Druck in vertikaler Richtung erzeugt. Die horizontale Komponente wird beinahe Null.

Beim Schließen der Kiefer ohne Nahrung zwischen den Zähnen kommen nur wenige Zähne miteinander in Kontakt. Sie befinden sich jeweils an der höchsten Stelle der betreffenden Zahnwalze über der Mitte des Kieferkammes. Es sind dies im Oberkiefer die

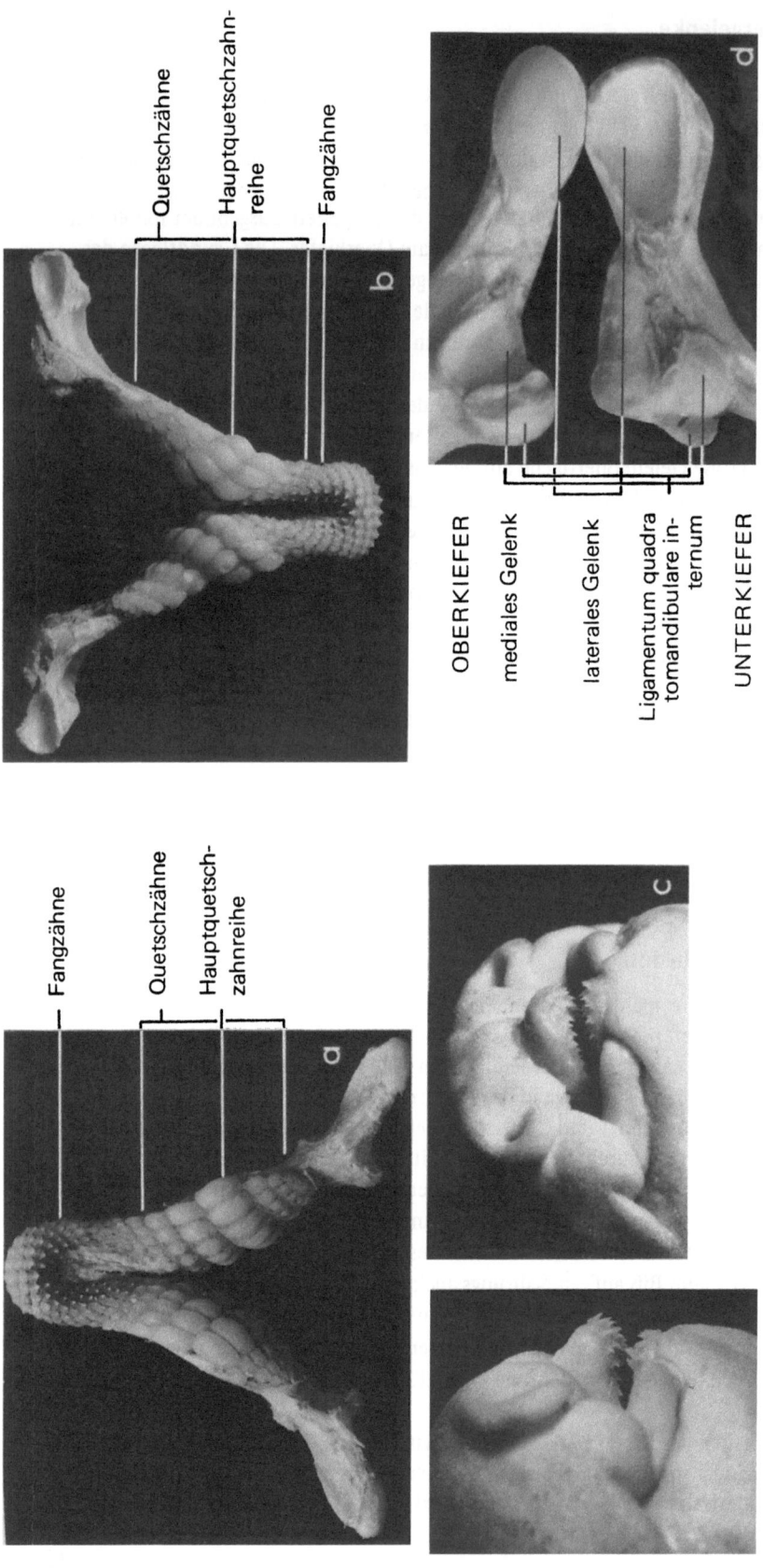

Abb. 4. Freipräparierter Unterkiefer (b) und Oberkiefer (a) eines adulten *Heterodontus*, bei denen die Kiefergelenke und die Ligamenta quadratomandibularia durchtrennt sind. (c) Oberkiefer in Protrusionsstellung: Künstlich protrudierter Oberkiefer bei einem frisch gefangenen juvenilen *Heterodontus portusjacksoni* von 32 cm Gesamtlänge. (d) Kiefergelenke: Kiefergelenke von einem adulten *Heterodontus*. Die Gelenkkapseln sind geöffnet und das Ligamentum quadratomandibulare ist durchtrennt

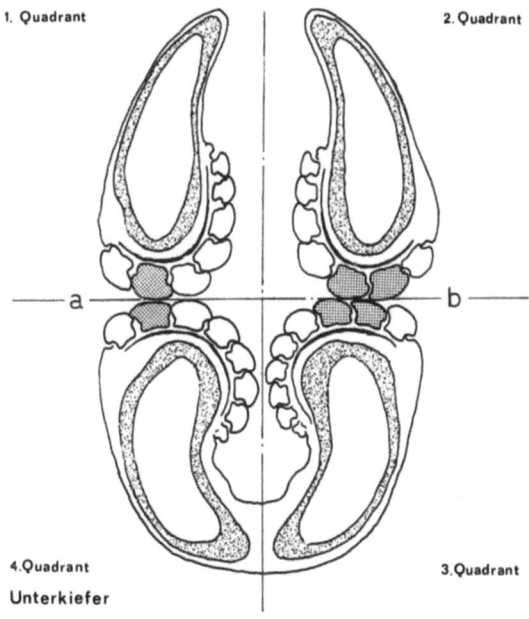

Abb. 5a und b. Querschnitt durch die in Okklusion befindlichen Kiefer. Je nach dem wie sich die gegenüberliegenden Zähne berühren, kommt es zum Einpunktkontakt (a) oder zum Mehrpunktkontakt (b)

Zähne der Hauptquetschzahnreihen und der zwei mesial davor befindlichen Quetschzahnreihen (vgl. Abb. 4) und im Unterkiefer Zähne der Hauptquetschzahnreihen und der sich jeweils mesial und distal anschließenden ersten Quetschzahnreihen. Beim Schließen der Kiefer berühren sich zuerst die mesio-lingualen Flächen der Oberkieferzähne mit den disto-palatinalen der Unterkieferzähne. Dann gleiten die Zähne an den Flächen herab, bis auch die disto-palatinalen Flächen der Oberkieferzähne mit den mesio-lingualen Flächen der Oberkieferzähne in Kontakt kommen. Es können so, je nach Position der Zähne in den Zahnwalzen, in jedem Quadranten fünf oder mehr punktförmige Abstützungen vorhanden sein (Abb. 5). Gleiches gilt natürlich, wenn sich ein Nahrungsobjekt zwischen den Zahnreihen des Ober- und Unterkiefers befindet. Im Querschnitt durch die Hauptquetschzahnreihen der Kiefer zeigt sich nun, daß zusätzlich noch Abstützungen auftreten können. Dieses ist von der entsprechenden Okklusion und Artikulation der Zahnreihen abhängig. Die Okklusion im rechten und linken Teil von Ober- und Unterkiefer kann unterschiedlich sein. Dann steht nicht nur der jeweils höchste Zahn der Zahnwalze mit seinem entsprechenden Antagonisten in Kontakt (Abb. 5a), sondern es sind jeweils zwei Zähne, die sich an ihren Antagonisten abstützen (Abb. 5b). So wird aus einem Einpunktkontakt (Abb. 5a) ein Dreipunktkontakt.

D. Der Zahnhalteapparat

Wie bei thekodonten Säugetieren entstehen die Zähne der Selachier aus Knospungen einer Zahnleiste von einem zusammengesetzten Schmelzorgan aus (De Terra, 1911).

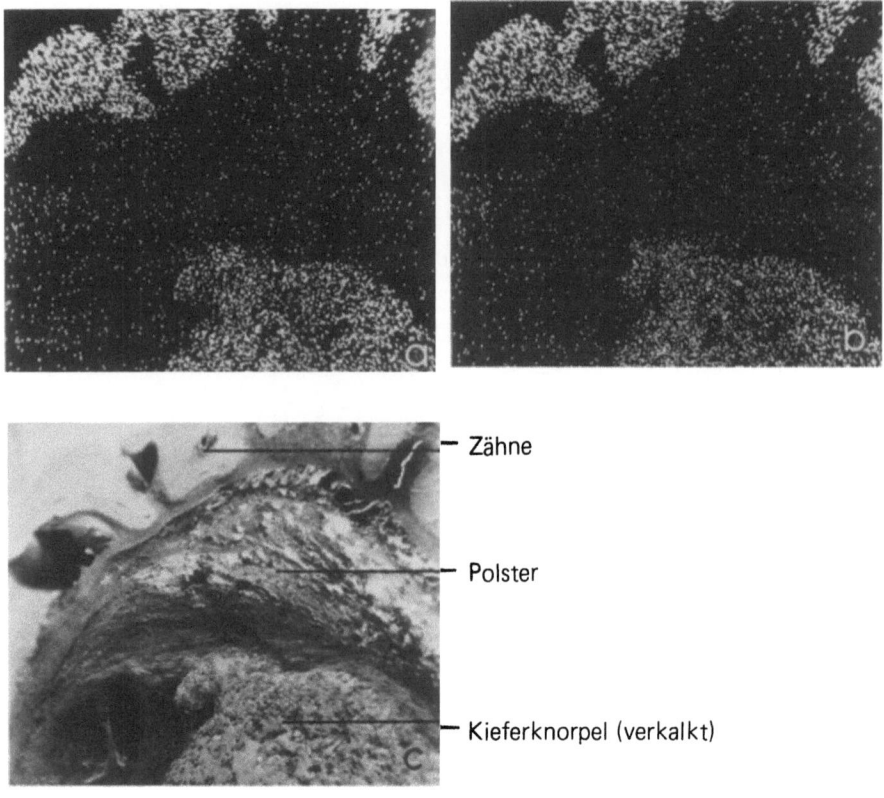

Abb. 6a–c. Dreimal der gleiche Ausschnitt aus dem Querschnitt durch den Oberkiefer eines adulten *Heterodontus*. (a) Calciumverteilung. (b) Phosphorverteilung. (c) Kieferquerschnitt mit Beschriftung

Von diesem werden die aufeinanderfolgenden Reihen der Zähne in der Tiefe der lingualen Seite des Unterkiefers bzw. der palatinalen Seite des Oberkiefers gebildet.

Schon Tomes (1879) unterschied vier Befestigungsarten der Zähne im Kiefer der Vertebraten:

1. Befestigung durch Ligamente mittels einer faserigen Membran
2. Befestigung durch elastische Scharniere
3. Befestigung durch Ankylosis (d. h. durch knöcherne Gelenkverbindung)
4. Befestigung durch Gomphosis (d. h. Einkeilung bzw. nagelförmige Befestigung der Zähne im Kiefer).

Bei der echten Gomphosis, die für die thekodonten Säugetiere typisch ist, befindet sich jeder Zahn in einem besonderen Zahnfach, der Alveole, im knöchernen Kieferkörper.

Schumacher und Schmidt (1972) haben diesen Zahnhalteapparat beim Menschen sehr ausführlich beschrieben.

Der knorpelige Kieferkörper eines Haies würde die Schwächung durch eingesenkte Alveolen nicht vertragen, ohne an Festigkeit einzubüßen. Bei den Selachiern erfolgt stattdessen, wie unter (1) angeführt, die Befestigung der Zähne durch Ligamente, wobei die Zähne nicht direkt mit dem Kieferkörper verbunden sind, sondern in der Mundschleimhaut eingebettet liegen. Nach James (1953) entwickeln sich die Zähne in einer kollagenreichen Bindegewebsplatte, dem Zahnbett. Während sich dieses selbst nicht be-

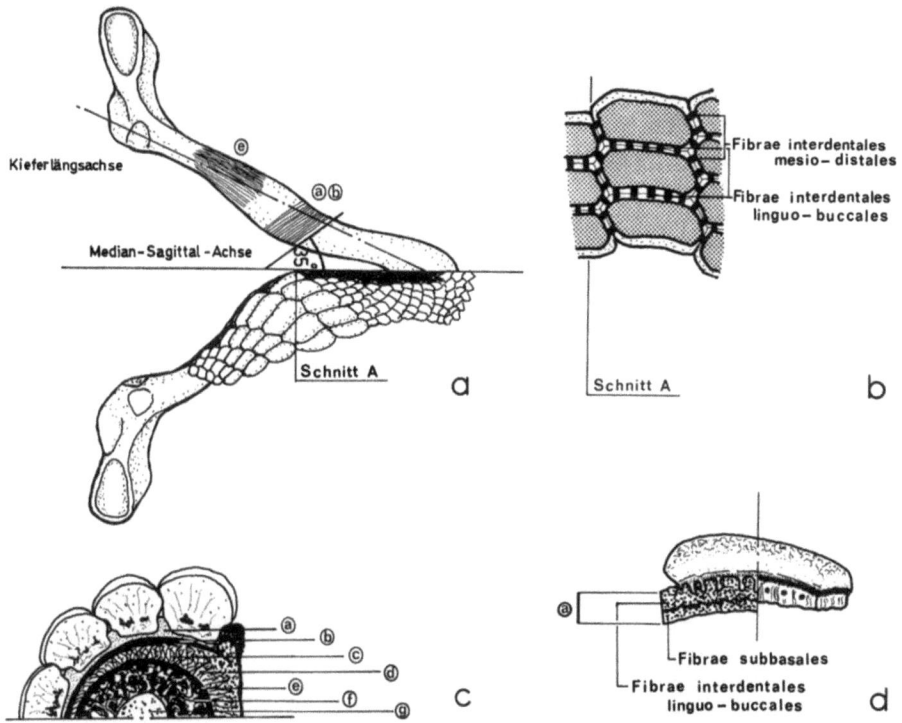

Abb. 7a–d. Lage des Zahnpflasters auf dem Kieferkörper und die Befestigung der einzelnen Zähne untereinander. (a) Unterkiefer in Aufsicht. (b) Unterseite des Zahnpflasters. (c) Befestigung der Zähne an dem Kieferkörper in Höhe des in 7a und 7b eingetragenen Schnittes *A*. (d) Quetschzahn von buccal

wegen soll – was man früher angenommen hatte – bewegen sich die Zähne zum Kieferkamm. Der Gewebs- und Flüssigkeitsdruck soll Anlaß zu ihrer Bewegung sein. Er wird durch das Zellwachstum des Zahnepithels zwischen den sich entwickelnden Zähnen hervorgerufen. Nach Landolt (1947) werden die Zähne bei dieser Verschiebung durch die Kieferform in ihre Funktionsstellung aufgerichtet. Sobald sie über die Mitte des Kieferkammes hinausgelangt sind, gehen sie verloren. Das wird durch eine Kombination der von den Okklusalflächen einwirkenden Beißkraft der Zähne des Gegenkiefers (James, 1953) und einer Reduktion der Bindegewebsfasern erreicht, die den Zahn in seiner Position halten (Peyer, 1968). Weder Reif (mündl. Mittlg.) noch der Verfasser konnten beim vorliegenden Material Resorptionserscheinungen der Zahnhartsubstanzen an der Zahnbasis beobachten. Jedoch verweist Budker (1971) auf Osteoklastentätigkeit an der Basis von Zähnen von Sandhaien (*Odontaspis tauris*) und Tigerhaien (*Galeocerdo cuvieri*), die bei Angriffen dieser Tiere auf Menschen ausgebrochen und in den Wunden steckengeblieben sind.

Im Gegensatz zu den diphyodonten Säugetieren einschließlich des Menschen sind die Selachier ähnlich den Reptilien polyphyodont, d. h. bei ihnen erfolgt ein fortlaufender Zahnwechsel. Boyne (1970) hat mit Hilfe von Tetracyclin, das in bestimmten Dosierungen farbliche Einlagerungen in den Zahnhartsubstanzen hervorruft, bei jungen Zitronenhaien (*Negaprion brevirostris*) herausgefunden, daß sie die periphersten Zähne jeder Reihe in Abständen von 14 Tagen verlieren. Moss (1961) hatte bei der gleichen Art beobachten können, daß die durchschnittlichen Erneuerungsraten bei den

Unterkieferzähnen 8,2 und bei den Oberkieferzähnen 7,8 Tage betragen bzw. 10,0 und 9,2 bei ausgehungerten Exemplaren. Applegate (1967) erwähnt, daß van de Putte bei mehreren adulten *Heterodontus francisci* alle 3–4 Wochen einen Zahnwechsel beobachtet hat. Das bedeutet, daß die Befestigung der laufend wechselnden Zähne auf eine andere Art als bei den Säugetieren erfolgen muß.

1. Kieferquerschnitte und Materialverteilung

Zur makroskopischen und mikroskopischen Untersuchung des Zahnhalteapparates und der Kieferkörper wurden Schnitte durch den Ober- und Unterkiefer mit einer Schnittfolge von 1 cm Abstand im rechten Winkel zur Median-Sagittal-Ebene hergestellt. Der genauen Beschreibung der Morphologie sei die Analyse der in den Zähnen, im Parodontium und im Kieferkörper vorkommenden Elemente vorausgeschickt. Mit Hilfe einer Mikrosonde ergab sich dabei folgende chemische Zusammensetzung:

Wellen-länge	Impuls-anzahl	Elemente	
1.05	550	Na	Salze im Meerwasser
1.28	7748	Mg	($NaCl$, $MgSO_4$, $CaSO_4$)
2.04	196474	P	
2.35	22641	S	
2.65	668	Cl	
3.72	243431	Ca	Apatit: $Ca_{10}Cl_2(PO_4)_6$
4.05	19764	Ca	

Es kommen in erheblichem Umfang Calcium und Phosphor vor. Um feststellen zu können, ob eine Differenzierung im Verkalkungsgrad von Zähnen und Knorpel vorliegt, wurden Verteilungsbilder dieser Elemente angefertigt. Sowohl bei den Querschnittsaufnahmen der bezahnten Kieferseite (Abb. 6a) als auch der unbezahnten Kieferseite zeigt sich eine dichte, gleichmäßige Calcium- und Phosphorverteilung (Abb. 6b/6c) sowohl in den Zähnen als auch im verkalkten Bereich des Kieferknorpels. Ein Unterschied im Verkalkungsgrad zwischen beiden ist nicht feststellbar. Eine ebenso gleichmäßige, aber weit geringere Calcium- und Phosphorverteilung ist im Bindegewebsbereich zwischen Zähnen und verkalktem Kieferknorpel vorhanden. Dieses unübliche Auftreten von mineralischen Substanzen im Bindegewebe könnte auf Anreicherungen im Blut, im Interstitium oder in der Grundsubstanz zurückzuführen sein. Nach Urist (1961) ist das Blutserum von Haien mit Calcium- und anorganischen Phosphationen übersättigt. Deren Anteil liegt um das Doppelt höher als bei Vertebraten mit Knochenskelett. Im untersuchten Fall war jedoch keine Anordnung festzustellen, die auf Konzentration in den Kapillaren schließen läßt. Die Calciumeinlagerungen im Knorpel liegen als Platten oder Klümpchen vor. In der Asche von verkalktem Selachierknorpel fand Urist (1961) das Calcium zu 75 % als Hydroxyl-Apatit und zu 25 % als β-Tri-Calcium-Phosphat vorliegen.

2. Der makroskopische und mikroskopische Aufbau des Zahnhalteapparates

Der Zahnhalteapparat wurde makroskopisch, unter dem Binokular und mikroskopisch untersucht und eine Deutung seiner Morphologie anhand von Vergleichen mit in der Technik gebräuchlichen Konstruktionsprinzipien versucht.

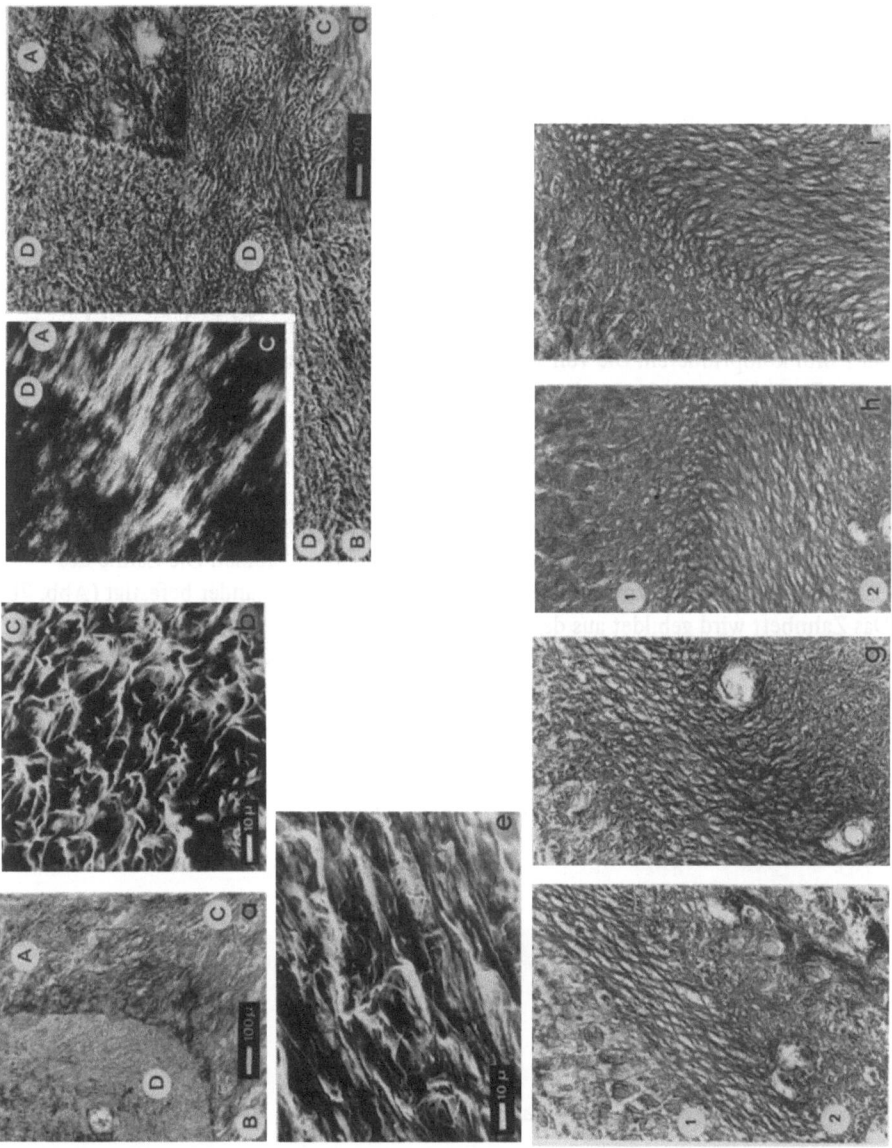

Abb. 8. (a) Basales Zahnende mit oberster Schicht des Zahnhalteapparates (Azanfärbung). (b) Fasernetz des Mischbereiches der Fibrae interdentales und Fibrae subbasales im Raster-Elektronen-Mikroskop. (c) Die in das Dentin einstrahlenden Fasern des Zahnhalteapparates im Polarisationsmikroskop. (d) Die gleichen Fasern im Phasenkontrastmikroskop. *A* Fibrae interdentales, *B* Fibrae subbasales, *C* Mischbereich, *D* Dentin. (e) Ein Ausschnitt aus dem kieferkörpernahen Anteil der Abb. 8i ist als Raster-Elektronen-Mikroskopische Ansicht in Abb. 8e wiedergegeben. (f–i) Der fortlaufende Umbau der zweiten Faserschicht des Zahnhalteapparates. Die Zunahme ihrer Höhe von lingual nach buccal und die unterschiedlichen Wachstumsgeschwindigkeiten des zahnnahen Anteils *1* gegenüber dem kieferkörpernahen Anteil *2* ist im Querschnitt zu erkennen (Azanfärbung)

Die dafür benötigten Quer- und Längsschnitte durch die Kiefer wurden mit 5%-iger Salpetersäure entkalkt. Die 10–15 μ dicken Schnitte wurden mit Azan, Orcein, Resorcin und nach Goldner angefärbt. Diese wurden dann unter dem Licht- und dem Phasenkontrastmikroskop betrachtet. Parallel dazu wurden Schnitte in Quer- und Längsrichtung durch die Kiefer unter dem Raster-Elektronen-Mikroskop untersucht und gleichzeitig eine Analyse der im Kiefer vorhandenen chemischen Elemente vorgenommen.

Die Angaben zum Feinbau des Knorpels von Bormuth (1933) wurden an Dünnschliffen und Schnittpräparaten unter dem Polarisationsmikroskop überprüft und in die statischen Betrachtungen mit einbezogen.

Die Zähne sind auf einem elastischen Bindegewebspolster befestigt, das dem Kamm des Ober- und Unterkieferkörpers aufsitzt. Dieses Polster ist beim vorliegenden weiblichen, adulten Exemplar im Bereich der großen Quetschzähne etwa 3 mm stark. Bei einer in diesem Bereich entnommenen Querschnittsscheibe von 5 mm Dicke läßt es sich um etwa 1 mm komprimieren. Die von James (1953) bei anderen Elasmobranchiern festgestellte Dreischichtung des Bindegewebes zwischen Zähnen und Perichondrium ist auch hier vorhanden.

Die oberste Schicht (a) ist das eigentliche Zahnbett (Abb. 7/8). Versucht man die auf ihm sitzenden Zähne abzulösen, so gelingt es erst nach großem Kraftaufwand, ein zusammenhängendes Zahnfeld von seiner Unterlage abzureißen, wobei sich die ca. 500 μ starke Faserschicht mit den darauf sitzenden Zähnen ablöst. Die Zähne des Zahnpflasters sind mit etwa 1 mm starken Faserbündeln aneinander befestigt (Abb. 7b). Das Zahnbett wird gebildet aus den Fibrae interdentales, die sich aus dem Dentin des einen Zahnes bis ins Dentin des Nachbarzahnes verfolgen lassen (Abb. 8e) und den sich

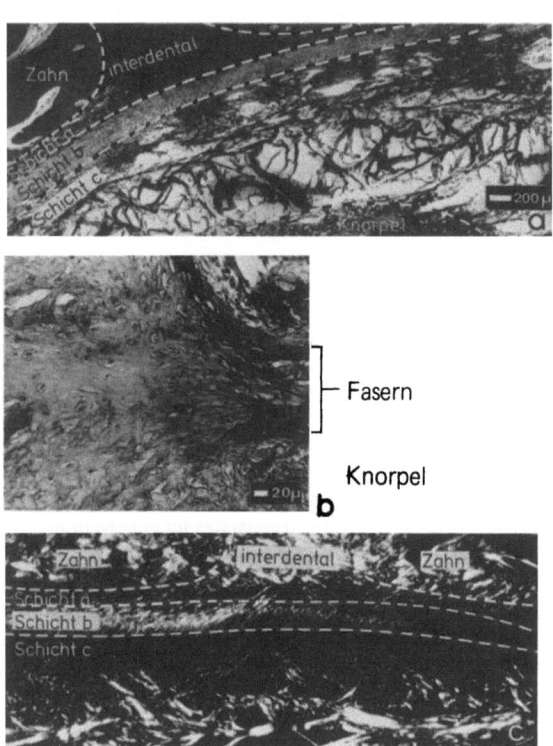

Abb. 9. (a) Die verschiedenen Schichten des Zahnhalteapparates im Querschnitt (Azan-Färbung).
(b) Die Ausrichtung der Fasern der untersten Schicht und deren Einstrahlen in den Knorpel.
(c) Die Fasern der verschiedenen Schichten des Zahnhalteapparates im Längsschnitt, Polarisationsmikroskopisches Bild

unter der Zahnbasis befindlichen Fibrae subbasales. Diese verlaufen im größten Teil ihrer Länge parallel zur Zahnbasis, bis sie in Richtung zur Zahnoberfläche umbiegen und ins Osteodentin der Zahnbasis einstrahlen (Abb. 8a). Die Einzelfasern sind zu einem feinmaschigen Netz verflochten (Abb. 8b). Dessen Hauptfaserrichtung verläuft im Quetschzahnbereich unter einem Winkel von ca. 35° zur Median-Sagittal-Ebene des Kiefers (Abb. 7a).

Die sich anschließende Schicht (b) ist etwa 1 mm stark und läßt sich nicht als Ganzes vom Kieferkörper ablösen (Abb. 7/8). Sie wird aus Fasern gebildet, die unter dem gleichen Winkel wie die Schicht (a) zur Median-Sagittal-Ebene des Kiefers verlaufen (Abb. 7a). Sie ist mikroskopisch durch ihren auffallenden Kernreichtum gekennzeichnet. Von lingual nach buccal nimmt die Schichtdicke zu. Auf der Höhe des Kieferkammes ist sie am stärksten. Im buccalen Bereich tritt eine allmähliche Resorption der Fasern ein. Zugleich verändern sich Ordnung und Ausrichtung der Fibrillen im Querschnitt deutlich von lingual nach buccal. Nach zuerst fast parallelem Verlauf (Abb. 8f) geht sie über eine nach lingual konkave Bogenform (Abb. 8g) schließlich in eine flache S-Form über (Abb. 8i). Diese Mittelschicht stellt eine Umbauzone dar. Ihre Fasern bilden ähnlich wie in der Schicht (a) ein Netz. Es ist jedoch sehr viel engmaschiger und ungleichmäßiger.

Die dritte und unterste Schicht (c) in der Abbildung 7c des Zahnhalteapparates ist etwa 1,5–2 mm dick (Abb. 7c). Buccal und lingual geht sie ins Perichondrium über. Sie besteht aus aufgelockerten, dicken Faserbündeln, zwischen denen zahlreiche Blutgefäße verlaufen. Die Faserbündel strahlen zwischen den Fasern des Perichondriums hindurch in den verkalkten Knorpel ein (Abb. 9). Auch hier ändert sich die Ausrichtung der Fasern von lingual nach buccal. Auf Höhe der Kiefermitte überschneiden sich beide Richtungen (Abb. 9/11b).

E. Der Kieferknorpel, makroskopischer und mikroskopischer Aufbau

Beiträge zur Kenntnis der Struktur des Selachierknorpels haben Roth (1911), vor allem aber Bormuth (1933) und Lubosch (1938) geliefert. Letztere haben die Anordnung der Fibrillen im Knorpelinnern auf Grund von Untersuchungen im polarisierten Licht analysiert. Meine Untersuchungen an Dünnschliffen und Schnittpräparaten aus dem Kieferkörper von *Heterodontus portusjacksoni* bestätigen die Ergebnisse Bormuths (1933), die hauptsächlich an *Squalus acanthias* gewonnen worden waren.

Der meist ovale Querschnitt des Kieferkörpers setzt sich aus dem Perichondrium (e), dem verkalkten Knorpelmantel (f) und dem hyalinen Knorpelkern (g) zusammen (Abb. 7c).

Das Periochondrium (e) besteht zum größten Teil aus Kollagenfasern und hüllt den Kieferknorpel ein. Die Fasern verlaufen sowohl zirkulär um den Kieferkörper herum als auch in Richtung seiner Längsachse. Sie sind im verkalkten Mantel des Knorpels verankert. (Abb. 10a, b).

Der verkalkte Mantel (f) in Abbildung 7c ist etwa 2,5 mm stark. Er ist nicht homogen, sondern setzt sich aus hyalinem Knorpel, Gefäßen, Bindegewebsanteilen und inselförmigen Calciumphosphateinlagerungen zusammen (Abb. 10c, d). Das Calciumphosphat liegt in kristalliner Form vor (Abb. 10e).

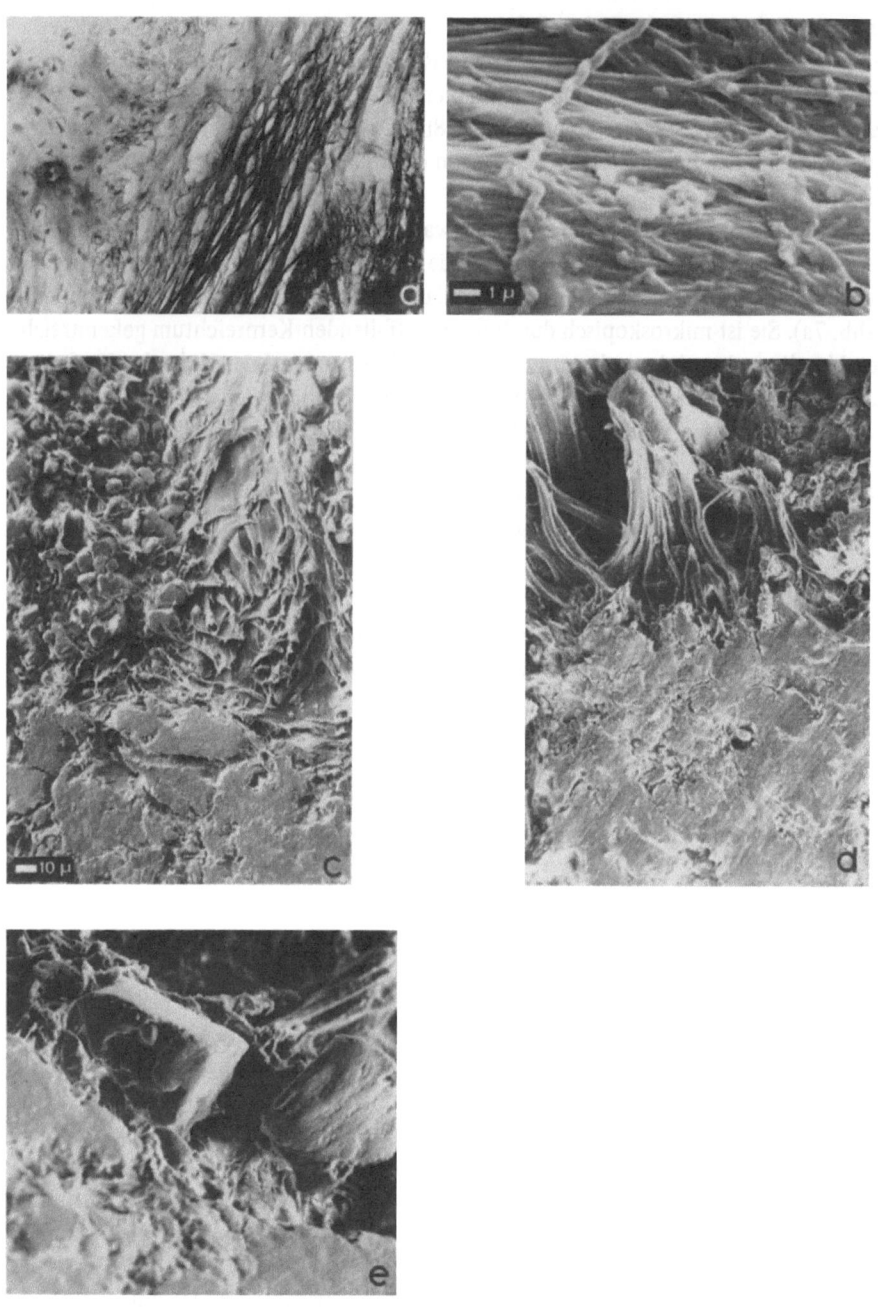

Abb. 10. (a) Die Faserbündel des Perichondriums, in welche die Fasern des Zahnhalteapparates einstrahlen (Azan-Färbung). (b) Die einzelnen Faserbündel setzen sich aus Einzelfasern zusammen, (Raster-Elektronen-Mikroskop) (c) und (d) Anordnung der Bindegewebsanteile und der Kalkschollen im verkalkten Außenring des knorpeligen Kieferkörpers (e) Aufbau der Kalkschollen aus einzelnen Kristallen. (c–e) Raster-Elektronen-Mikroskopische-Bilder.

Hyaliner Knorpel bildet den Kern des Kieferkörpers (g) in Abbildung 7c. Er setzt sich im Wesentlichen aus drei Bauelementen zusammen, die ihm seine Festigkeit verleihen:

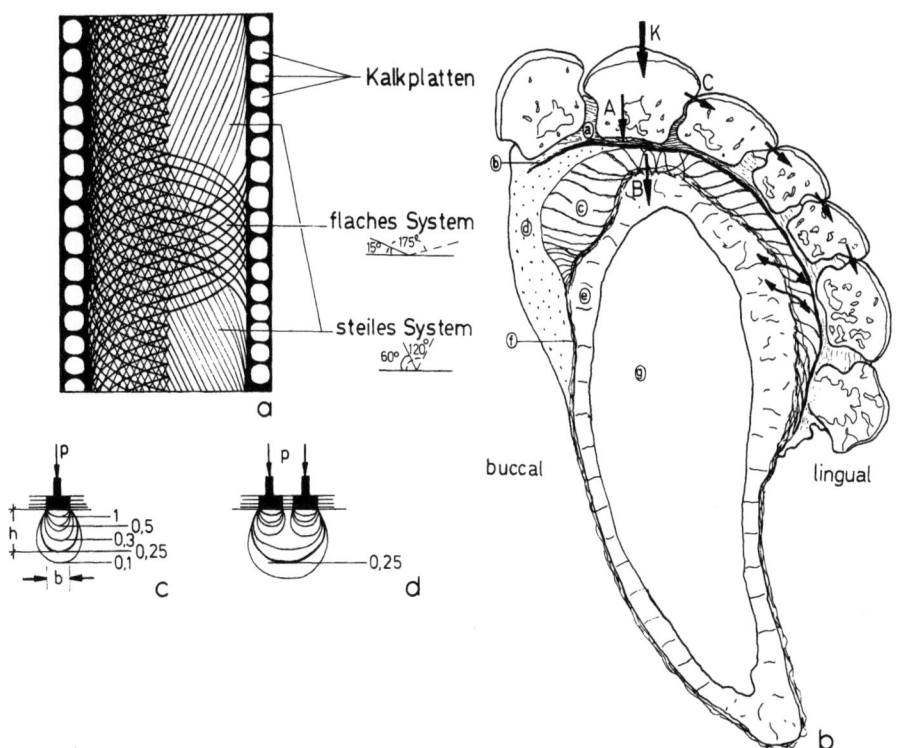

Abb. 11. (a) Darstellung des Verlaufs der Kollagenfasern im Knorpelinnern mit 2 Systemen und Einstrahlen der Fasern in die verkalkte Außenwand des Kieferknorpels. (b) Querschnitt durch den Unterkiefer im Bereich der Quetschzähne mit der auf die Zahnoberfläche aufgebrachten Kraft K, die sich in die Komponenten A, B und C aufteilen läßt. (c) Durch die Kraft P entstehende Sohlpressung eines Fundamentes führt zu zwiebelschalenartigen Spannungsbildern im Untergrund. (d) Bei mehreren Fundamenten entsteht durch Überlagerung ein gemeinsames Spannungsbild (umgezeichnet nach Jumikis)

1. zugfestes Element = kollagene Fasern
2. druckfestes Element = Calciumeinlagerungen
3. druckelastisches Element = hyaline Kittsubstanz und Knorpelzellen, die in engen Grenzen eine gewisse Verformung zulassen, da Volumenkonstanz angenommen werden darf.

Bei der Betrachtung von Quer-, Längs- und Horizontalschnitten durch den Kieferkörper stellte sich heraus, daß sich die Fibrillen hauptsächlich zwei Systemen zuordnen lassen.

Das erste oder flache System, das deutlich sichtbar ist, wird aus dichten, im Polarisationsmikroskop aufleuchtenden Fibrillen gebildet. Sie spannen sich kreuzförmig zwischen den verkalkten Wänden aus. Beide Schenkel verlaufen unter einem Winkel von 15° bzw. 175° zur Transversalebene des Kiefers, kreuzen sich in der Querschnittsmitte, biegen im Randbereich um und enden in den Kalkplatten der Wände (Abb. 11a).

Das zweite oder steile System, das weniger gut sichtbar ist, wird aus schwächeren Fibrillen gebildet. Sie spannen sich gleichfalls in überkreuzten Zügen zwischen den lin-

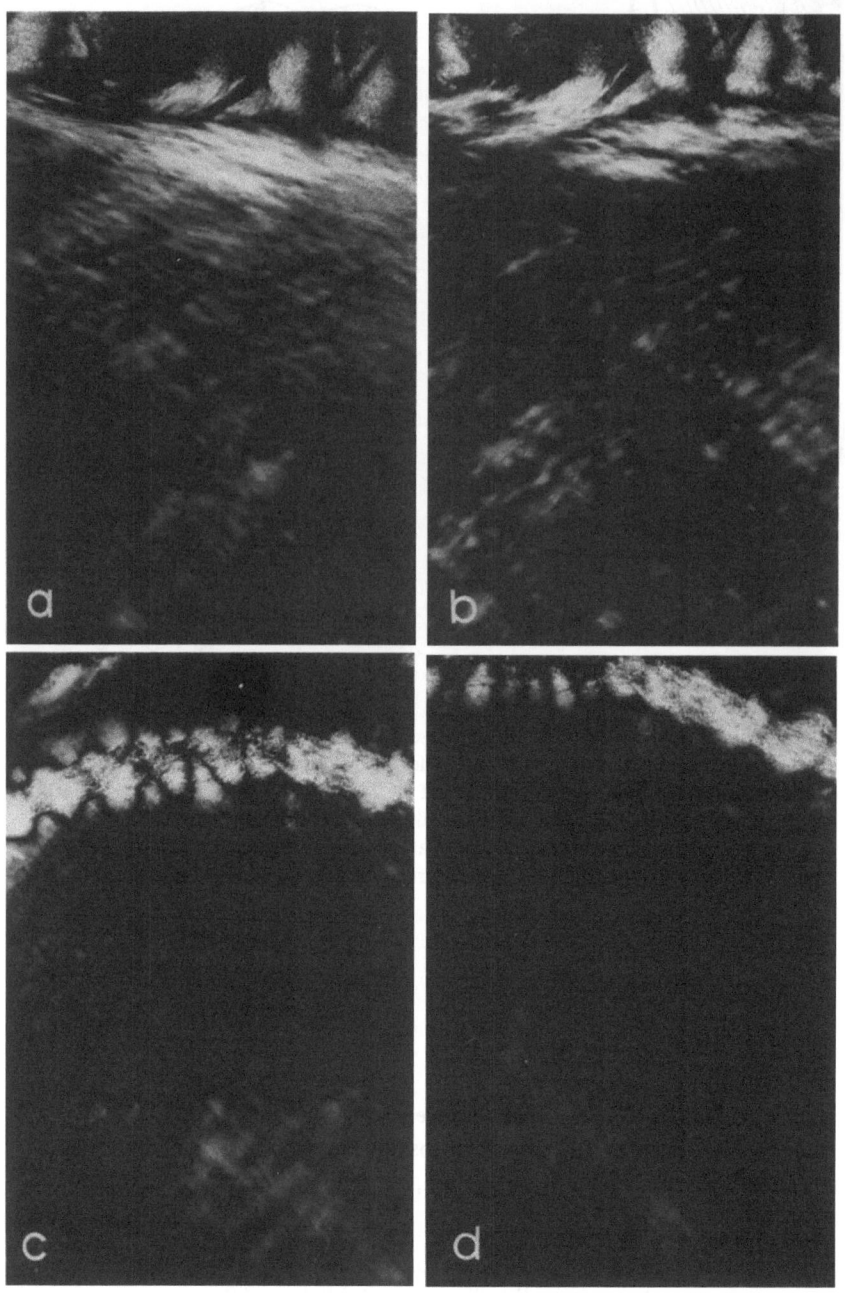

Abb. 12a–d. Im Polarisationsmikroskop infolge Doppelbrechung aufleuchtende Kollagenfasern des Kalkmantels (Bildoberrand) und der inneren Fasersysteme bei verschiedener Drehung des Dünnschliffes. (a) bei 10°, (b) bei 20°, (c) bei 40°, (d) bei 60°

gualen und buccalen Seitenflächen der Kiefer aus. Ihre Schenkel kreuzen sich in der Querschnittsmitte unter einem Winkel von 60° bzw. 120° zur Transversalebene. Dann nähern sie sich fast asymptotisch den Kalkplatten, bis sie in diese einstrahlen (Abb.

11a). Im Polarisationsmikroskop leuchtet hier eine Randfaserschicht auf, die fast so dick ist wie die Kalkplatten (Abb. 12). Die Fasern beider Systeme kreuzen sich unter einem Winkel von 45°.

An dieser Stelle sei noch bemerkt, daß die Schicht (c) des Zahnhalteapparates allmählich auf der buccalen Seite von der Zahnreihe aus abwärts durch ein ca. 1 cm breites und bis zu 3 mm dickes Faserbündel überlagert wird (Abb. 7d). Seine Fasern verlaufen in Richtung der Kieferlängsachse als Band an der buccalen Kieferseite dicht unterhalb der Zahnreihen über die volle Länge des Kiefers.

F. Die funktionelle Deutung des Zahnhalteapparates

Zur funktionellen Deutung des Aufbaues und der Strukturen des Zahnhalteapparates bieten sich Vergleiche mit aus der Technik bekannten Konstruktionen an.

Das erste Konstruktionsmerkmal im Zahnhalteapparat ist das Prinzip der Kraft- bzw. Lastaufteilung, die auf zwei Arten erreicht wird:

1. durch die Mehrpunktabstützung bei der Okklusion der Kiefer (vgl. Abb. 5) wird die auftretende Last auf mehrere Zähne in beiden Kiefern verteilt

2. da die Pflasterzähne einander überlappen, wird ein Teil der Last des in Kontakt stehenden Zahnes auf den lateralen Teil der Krone des benachbarten Zahnes übertragen (Preuschoft et. al., 1974), während dieser wieder einen Teil der aufgenommenen Last an seinen Nachbarzahn überleitet (Abb. 11b).

Das zweite Konstruktionsmerkmal ist das Prinzip der Dämpfung auftretender Druckstöße mittels eines elastischen Polsters, das sich zwischen den Zähnen und dem verkalkten Knorpelmantel befindet. Wie stark die eingeleitete Flächenlast reduziert wird, hängt von der Dicke des Polsters und der Breite der Zahnbasis ab. Dafür können Vergleiche aus dem Grundbau herangezogen werden.

Durch die auftretende Sohlpressung eines Fundamentes entstehen Spannungen im Boden, die einen bogenförmigen Verlauf haben und Druckzonen darstellen. Die Abfolge der verschiedenen Ortskreise der Sohlspannung gleicht den Schalen einer Zwiebel (Grundbau-Umdruck). Die Form dieser Druckzwiebel ist vom Elastizitätsmodul des Materials abhängig, das zusammengepreßt wird. Bei einem Einzelfundament mit rechteckigem Grundriß ist die Spannung $\sigma = 25\%$ der maximalen Sohlpressung σ_{max}, wenn $h = 1,5 b$ (Abb. 11c). Das heißt, daß in der Tiefe, die dem eineinhalbfachen der Breite entspricht, nur noch 25 % der eingeleiteten Sohlpressung σ_{max} vorhanden ist, die bei entsprechender Tiefe Null werden kann.

Da aber nicht nur ein Zahn, sondern gegebenenfalls mehrere Zähne belastet werden können, müssen dementsprechend mehrere Fundamentstützen angenommen werden. Dann bleiben nicht die einzelnen Belastungszwiebeln erhalten, sondern es entsteht durch Überlagerung eine neue (Abb. 11d). Dabei muß nun entsprechend der größeren Breite auch die Höhe zunehmen, wenn die reduzierte Sohlpressung wieder 25 % von σ_{max} werden soll.

Da in diesem Fall beim vorliegenden Untersuchungsobjekt das Verhältnis nicht $h = 1,5 b$ sondern günstigsten Falls $h = 1,3 b$ beträgt, würde die Sohlpressung im Bereich der Kalkplatten über 25 % liegen. Diese Annahme gilt für homogenes Material. Da sich im vorliegenden Fall aber das Polster aus verschiedenem Material mit unterschiedlichem Elastizitätsmodul zusammensetzt, hat der Vergleich nur unter der Voraussetzung Gültigkeit, daß sich die verschiedenen Materialkonstanten nur geringfügig voneinander unterscheiden.

Das dritte Konstruktionsprinzip ist hier ähnlich wie bei den thekodonten Säugetieren die Umformung von Druck- in Zugbelastung.

Die auf den Zahn aufgebrachte Kraft (K) teilt sich in drei Anteile auf:

1. Der Kraftanteil (A) wird vertikal auf den Zahn, der mit der Nahrung in Kontakt kommt, aufgebracht (Abb. 11b). Der Zahn sinkt in seine Unterlage ein, da er auf einem elastischen Fasergewebe befestigt ist. Die Fibrae interdentales und die Fibrae subbasales, die dieses bilden, werden gedehnt und auf Zug beansprucht.

2. Der geringe Kraftanteil (B) wird vertikal durch den Zahn und das Geflecht der Fasern des Halteapparates (das dabei gestaucht wird), geleitet und wirkt in Form von Druck auf der Oberseite des Kieferkörpers (Abb. 11b).

3. Ein anderer Kraftanteil (C) wird auf die benachbarten Zähne übertragen, die die Kraft weiterleiten. Da diese nicht mehr senkrecht auf dem Kieferkamm stehen, werden ihre Befestigungsfasern beansprucht und gespannt. Da diese durch das Perichondrium hindurch in den Knorpel einstrahlen, wird ein Teil der Kraft als Zugkraft auf den Knorpel übertragen (Abb. 11b).

II. Die Statik des Kieferapparates

A. Allgemeine Betrachtungen zur Mechanik der Kiefer

Die auftretenden Muskelkräfte (K) und die durch sie verursachten Momente (M) lassen sich am besten in einem ebenen System darstellen, das durch die x- und die y-Achse bestimmt wird. Dabei gelten folgende drei Bedingungen:

1. $\Sigma K_x = 0$
2. $\Sigma K_y = 0$
3. $\Sigma M = 0$

Als Grundlage eignen sich die Darlegungen von Crompton (1963), die auf die stammesgeschichtliche Entwicklung des Säugetierkiefers gerichtet sind. Er hebt zwei Konstruktionsprinzipien hervor:

1. eine von primitiven zu höher entwickelten Formen fortschreitende Gelenkentlastung und
2. eine effektivere Ausnutzung der Muskelkraft durch eine Verschiebung der Wirkungslinien der Muskulatur vom Gelenk weg, wodurch die Muskeln einen größeren Hebelarm bekommen.

Crompton gibt eine Entwicklungsreihe bei Therapsiden an. Aus ihr sind drei Fälle ausgewählt, an denen die Abhängigkeit der Muskelwirkung von ihrer Wirkungsrichtung und ihrem virtuellen aufs Gelenk bezogenen Hebelarm deutlich wird.

Abb. 13. (a) Unterkiefer von *Labidosaurus* mit den einwirkenden Kräften. (b) Unterkiefer von *Thrinacodon* mit den einwirkenden Kräften. (c) Unterkiefer von *Diarthrognathus* mit den einwirkenden Kräften. (d–f) Schematische Übersicht über die Kräfte, die an einem Unterkiefer zur Wirkung kommen können. (g) Beanspruchung eines Freiträgers mit Biegeform und Biegemomentenfläche. (h) Biegebeanspruchung eines Trägers auf 2 Stützen mit Biegeform und Biegemomentenfläche. (i) Widerstandsmoment eines Balkens mit rechteckigem Querschnitt. (j) Widerstandsmoment eines Balkens mit ovalem Querschnitt. (k) Querschnitt (links) und Spannungsverteilung (rechts) in einem Balken unter Biegebeanspruchung

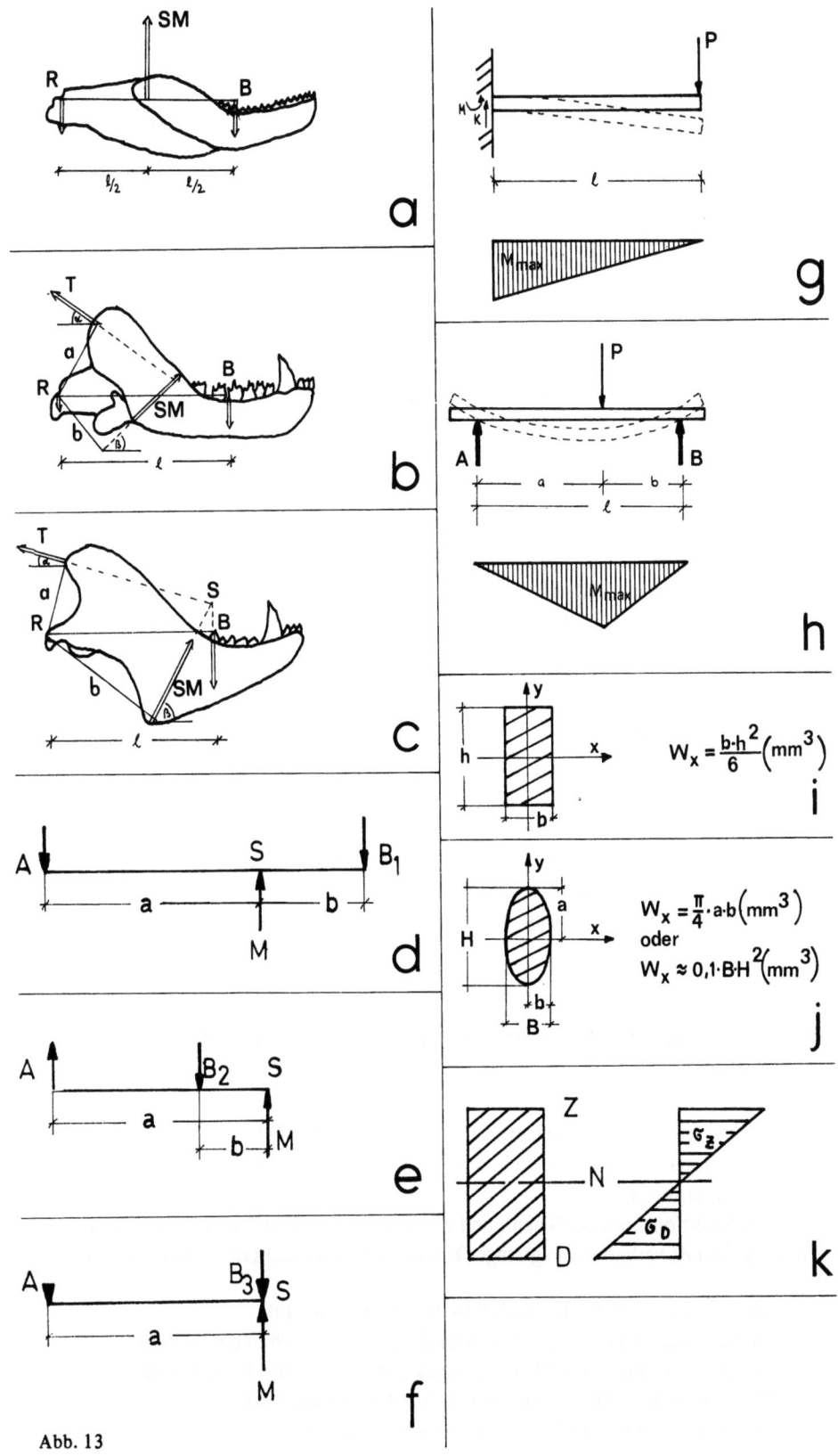

Abb. 13

1. Unterkiefer bei Labidosaurus *(Abb. 13a)*

Hier greift die Masse der Kaumuskulatur in der Mitte zwischen der vom zu zerkleinernden Objekt ausgehenden Kraft B und der im Gelenk auftretenden Reaktionskraft R an.
Es gilt:

1. $\Sigma K_x = 0$ Kräfte in x-Richtung treten nicht auf
2. $\Sigma K_y = 0$ R + B = SM
3. $\Sigma M_R = 0$ B · 1 − SM · $\underline{1}$ = 0

Daraus folgt, daß im Gelenk eine Reaktionskraft auftritt, für die gilt: R = B = SM/2.

2. Unterkiefer bei Thrinaxodon *(Abb. 13b)*

Hier greifen die Muskelkräfte nicht mehr in der Mitte zwischen Gelenk und Nahrungsobjekt an, sondern beide Hauptmuskelgruppen sind aus dem Bereich der Kauebene nach verschiedenen Richtungen herausgewandert.
Es gilt nun:

1. $\Sigma K_x = 0$ SM · cosβ − T · cos α = 0
2. $\Sigma K_y = 0$ SM · sinβ + T · sin α = B + R
3. $\Sigma M_R = 0$ T · a + SM · b = B · 1

Daraus folgt, daß im Gelenk zwar auch hier eine Reaktionskraft auftritt, diese aber kleiner als B geworden ist.

3. Unterkiefer bei Diarthrognathus *(Abb. 13c)*

Hier tritt nun der Sonderfall auf, daß die Tendenz zur Entlastung des Kiefergelenkes und die Tendenz zum effektivsten Einsatzes der oberflächlichen Massetermuskulatur einander ergänzen. Dadurch, daß sich die verlängerten Wirkungslinien der auftretenden Kräfte im Punkt S treffen, bleibt bei $M_S = 0$ nur als einziges Moment R . 1 übrig, woraus sich R = 0 ergibt. Somit liegt in diesem Idealfall ein zug- und druckfreies Gelenk vor.

B. Die von außen auf Ober- und Unterkiefer von *Heterodontus* einwirkenden Kräfte

Zur Analyse der statischen Verhältnisse beim untersuchten Hai sind einige einschränkende Annahmen nötig. Die gewonnenen Ergebnisse besitzen Gültigkeit unter folgenden Voraussetzungen:

    1. Die Reaktionskraft im Gelenk und die vom zu zerbeißenden Objekt ausgeübte Widerstandskraft verlaufen bei geringer Kieferöffnung im rechten Winkel zur Kauebene.
    2. Die horizontal wirkenden Teilkräfte heben einander auf.
    3. Die Wirkungslinien der drei Kaumuskeln schneiden sich in einem Punkt.
    4. Es finden nur maximale Muskelkontraktionen ohne Regulierung statt.
    5. Die Kontraktion aller drei Kaumuskeln erfolgt gleichzeitig.
    6. Ober- und Unterkiefer bilden ein statisch bestimmtes System.

Je nach Lage des zu zerkleinernden Nahrungsobjektes zwischen den Zahnreihen von *Heterodontus* können nun drei prinzipiell verschiedene Variationen der Belastung auftreten ähnlich denen, die Molitor (1969) für den menschlichen Unterkiefer diskutiert hat.

In Abbildung 13d liegt B_1 rostral vom Schnittpunkt (S) der Wirkungslinien der Muskelkräfte (M). Folglich gilt für den Punkt (S) die Momentenbedingung: $B_1 \cdot b = A \cdot a$. Daraus folgt: $A = B_1 \cdot b/a$. Das bedeutet, daß das auftretende Moment $B_1 \cdot b$ Druck im Gelenk hervorruft.

In Abbildung 13e liegt B_2 zwischen dem Gelenk (A) und dem Schnittpunkt (S) der Wirkungslinien der drei Muskelkräfte (M). Jetzt lauten die Momentbedingungen bezüglich Punkt (S): $B_2 \cdot b = -A \cdot a$, woraus sich $A = B_2 \cdot b/a$ ergibt. Das bedeutet, daß das auftretende Moment $B_2 \cdot a$ jetzt Zug im Gelenk hervorruft.

In Abbildung 13f liegt B_3 im Schnittpunkt (S) der Wirkungslinien der drei Muskelkräfte (M). Die Momentenbedingung bezüglich Punkt (S) lautet: $A \cdot a = 0$, woraus $A = 0$ folgt. Das bedeutet, daß jetzt ein zug- und druckfreies Gelenk vorliegt.

Die Lage der größten Quetschzähne im Bereich des Schnittpunktes der Wirkungslinien der Muskelkräfte ist also mechanisch gesehen optimal. Nach Reif (mündl. Mittlg.) ist der Hauptquetschzahn beim schlüpfenden Tier als letzter Zahn der Zahnreihe vorhanden. Er kann bis ins Erwachsenenalter verfolgt werden. Bei allen 8 rezenten Arten von *Heterodontus* wird er ortsständig gehalten durch das Einschieben von Zahnreihen mesial und distal.

C. Die in einem Balken bei Biegung auftretenden inneren Kräfte

Bei jeder Einwirkung einer Kraft auf einen am Ort verharrenden Körper entstehen in seinem Inneren Zug- und Druckspannungen. Einen Körper, bei dem die Länge ein Vielfaches seiner Höhe und Breite ausmacht, bezeichnet man in der Technik als „Balken". Man kennt zwei Arten diesen Balken zu lagern bzw. abzustützen. Als Freiträger (Abb. 13g) wird ein Balken bezeichnet, der auf einer Seite z. B. im Mauerwerk fest eingespannt ist. Hier wirkt der am Balkenende angreifenden Kraft (P), die ein Durchbiegen des Balkens verursacht, am Einspannungspunkt die Kraft (K) entgegen und dem Moment $(p \cdot 1)$ ist das Einspannmoment (M) entgegengerichtet. Die Biegebeanspruchung des Balkens hat im Bereich der Einspannungsstelle ihren höchsten Wert.

Ein Balken (Abb. 13h) kann auf zwei Stützen gelagert werden. Wenn er dabei der angreifenden Kraft (P) nachgibt, biegt er sich zwischen den Auflagern durch. Der Kraft (P) wirken die Auflagerkräfte $(A + B = P)$ entgegen. Die Momentenbedingung für den Punkt A lautet: $P \cdot a = B \cdot 1$. Das größte Biegemoment liegt am Angriffspunkt der Kraft (P).

Die in seinem Innern auftretenden Spannungen verteilen sich so, daß in der Mitte eine Nullinie (N) verläuft, d. h. daß diejenigen Teile des Balkens, die sich an dieser Stelle befinden, keiner Spannung ausgesetzt sind. Bei einem Freiträger tritt nun z. B. an der Balkenoberseite die Zugspannung (Z) auf, an der Unterseite hingegen die Druckspannung (D) (Abb. 13k).

Jeder Körper setzt der Verformung einen gewissen Widerstand entgegen, der mit Biegefestigkeit (W) bezeichnet wird. Das Moment verursacht eine Biegespannung $\sigma_B = \frac{M}{W}$ kp/mm². Dabei ist das Moment (M) abhängig von der Größe und Richtung der Kraft und der Länge des Trägers, das Widerstandsmoment (W) dagegen von der

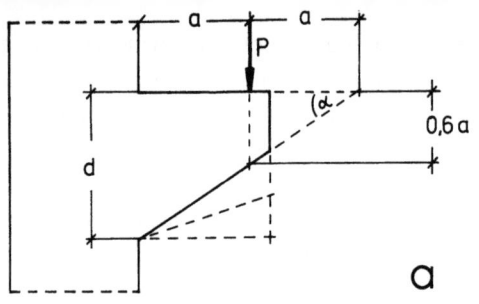

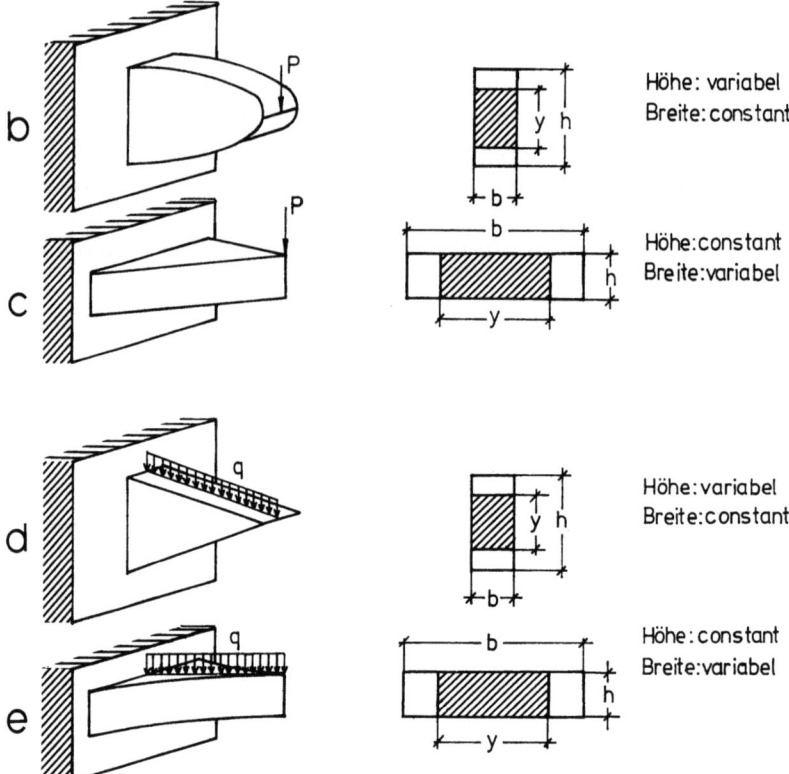

Abb. 14. (a) Abmessungen einer Konsole. (b–e) Träger gleicher Festigkeit bei Beanspruchung auf Biegung. b, c: Einzellast; d, e: Streckenlast

Form des Querschnittes. Für einen rechteckigen Querschnitt lautet die Gleichung z. B. wie in Abbildung 13i angegeben; für einen ovalen Querschnitt z. B. wie in Abbildung 13j angegeben.

D. Träger gleicher Festigkeit

Die oben angeführte Gleichung für die Biegespannung besitzt für jedes Material Gültigkeit. Wir nehmen nun einmal an, der Knorpel des Kieferkörpers bei den Selachiern sei

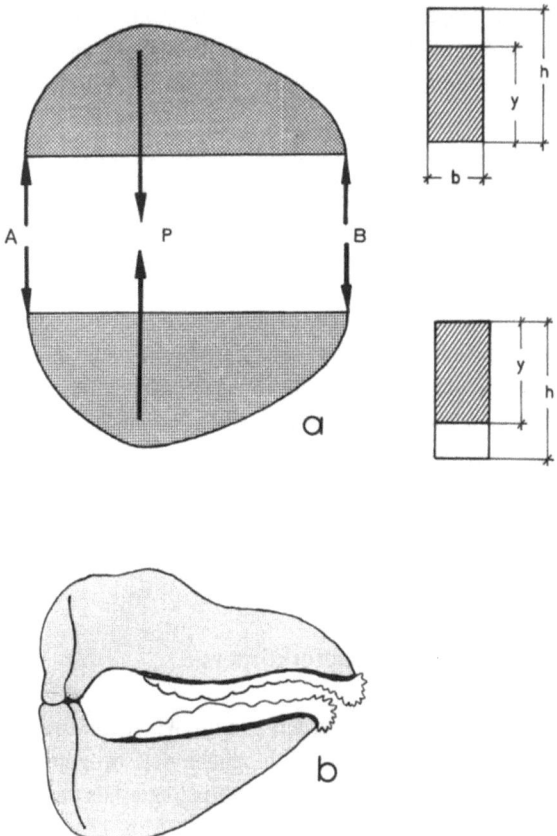

Abb. 15a und b. Träger gleicher Festigkeit bei Beanspruchung auf Biegung, die auf 2 Stützen ruhen und mit einer Einzellast belastet werden (a), weisen in der Seitenansicht eine große Übereinstimmung mit den Kiefern von *Heterodontus* auf (b)

homogen im Aufbau. Diese Vereinfachung müssen wir vornehmen, da erst seit der technischen Nutzung der Kunststoffe die Verbundmaterialien eine immer bedeutendere Rolle spielen und auf diesem Neuland noch keine allgemein gültigen Formeln existieren. So müssen wir auf die bisher bekannten, für homogenes Material geltenden Gleichungen zurückgreifen.

Liegt homogenes Material vor, dann kann σ_B = const. gesetzt werden. In der Technik spricht man in diesem Fall von Trägern gleicher Festigkeit. Auch hier gibt es nun wieder die zwei Möglichkeiten der Lagerung: den Freiträger und den Träger auf zwei Stützen. Je nach Art der Belastung und je nachdem, ob die Breite oder die Höhe konstant bleiben soll, haben Träger gleicher Festigkeit verschiedenes Aussehen (Abb. 14b–e).

Wenn bei einem Freiträger das Verhältnis der Seiten a/d = 1 und der Winkel $\alpha \geq 30°$ ist, spricht man von einer Konsole (Abb. 14a). In unserem Falle müßte der Kiefer im Bereich der Kaumuskulatur als fest eingespannt betrachtet werden. Dieser Annäherungsversuch würde jedoch nur die rostrale Hälfte des Unterkiefers einbeziehen. Der Vergleich mit einem Balken auf zwei Stützen hingegen erlaubt die Betrachtung des ganzen Kiefers.

Den beiden Stützen (A + B) würden in diesem Falle auf der einen Seite das Gelenk und auf der anderen Seite das Nahrungsobjekt entsprechen, das sich im Quetschzahn- oder Fangzahnbereich befinden kann. Die Kraft wird durch die Kiefermuskulatur entsprechend der Last (P) aufgebracht. Ein Träger gleicher Festigkeit auf zwei Stützen bei gleichbleibender Breite ist in Abb. 15a dargestellt. Diese Trägerform weist eine große Ähnlichkeit mit dem Ober- und Unterkiefer von *Heterodontus* auf, wie die darunter abgebildete Zeichnung erkennen läßt (Abb. 15b).

Eine Anpassung der Kieferform an die auftretenden Belastungsarten ist in der Seitenansicht und auch in der Aufsicht erkennbar. Die beidseitigen Kieferbögen sind im Symphysenbereich aneinander angelagert. Etwa ab Kiefermitte sind diese Träger gleicher Festigkeit auseinandergespreizt und im Gelenkbereich fast um 90° abgewinkelt (vgl. Abb. 4). Im rostralen Bereich sind beide Kieferhälften durch Kollagenfasern verbunden, wodurch Verschiebungen und Verwindungen der beiden Hälften zueinander in transversaler, sagittaler und vertikaler Richtung in gewissen Grenzen möglich werden. Dadurch wird ähnlich wie in der Technik durch Einbau von Gelenkverbindungen in weitgespannten Brückenkonstruktionen verhindert, daß größere Momente von einer Kieferhälfte auf die andere übertragen werden.

Der Raum zwischen den mittleren Dritteln beider Kiefer wird von den walzenförmigen Zahnreihen ausgefüllt, deren größtmöglicher Umfang somit gleichzeitig vorgegeben ist.

E. Berechnung der Widerstandsmomente des Kieferkörpers

Für die verschiedenen Querschnitte des Kieferkörpers wurden nun die Widerstandsmomente berechnet (vgl. Abb. 17a), um einen Anhaltspunkt für mögliche Belastungsgrößen zu bekommen. Zunächst wurde einheitliche Resistenz des Knorpelmaterials unterstellt und die Widerstandsmomente für einen Vollkörper errechnet (vgl. Abb. 17a, Kurve 1). Bei *Heterodontus* umschließt jedoch ein Mantel aus verkalktem Material die hyaline Knorpelgrundmasse. Da es sich in diesem Fall aber wahrscheinlich um ein Verbundsystem von Materialien mit verschiedenen Festigkeitseigenschaften handelt, wurde nun die Berechnung der Widerstandsmomente für die Umhüllung allein durchgeführt (vgl. Abb. 17a, Kurve 2). Das gleiche erfolgte für den Kernkörper aus hyalinem Knorpel (vgl. Abb. 17a, Kurve 3). Ob das gesamte Widerstandsmoment nun durch einfache Addition der Einzelwiderstandsmomente zu erhalten ist, läßt sich zur Zeit noch nicht eindeutig sagen. Es wird auf jeden Fall zwischen den Werten für einen Vollkörper (Abb. 17a, Kurve 1) und denen für den verkalkten Mantel (Abb. 17a, Kurve 2) lie-

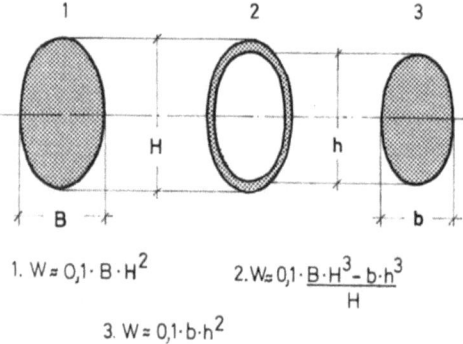

1. $W = 0{,}1 \cdot B \cdot H^2$ 2. $W = 0{,}1 \cdot \dfrac{B \cdot H^3 - b \cdot h^3}{H}$

3. $W = 0{,}1 \cdot b \cdot h^2$

Abb. 16. Querschnittsformen mit den entsprechenden Gleichungen zur Berechnung der Widerstandsmomente

gen. Für die Berechnung wurde auf Formeln aus dem Gebiet der Festigkeitslehre zurückgegriffen, die für homogenes Material aufgestellt wurden (aus „Hütte").

Es zeigt sich, daß die Widerstandsmomente an der Kiefersymphyse beginnend fast parabelförmig bis zu einem ersten Maximum ansteigen. Bei allen drei berechneten Körpern tritt dieses im Bereich des bezahnten Kieferkörpers in dem Abschnitt auf, in dem sich die größten Quetschzähne befinden. Das ist im Oberkiefer im Bereich des Schnittes (6) und im Unterkiefer im Bereich des Schnittes (4) (vgl. Abb. 17). Danach fallen die Widerstandsmomente ab und nehmen erst wieder im Gelenkbereich zu, wo sie das absolute Maximum erreichen. Unter der getroffenen Annahme, daß die Biegespannung konstant bleibt, bedeutet die Zunahme der Widerstandsmomente im Hauptquetschzahnbereich gleichzeitig, daß in diesem Abschnitt des Kiefers die größten Biegemomen-

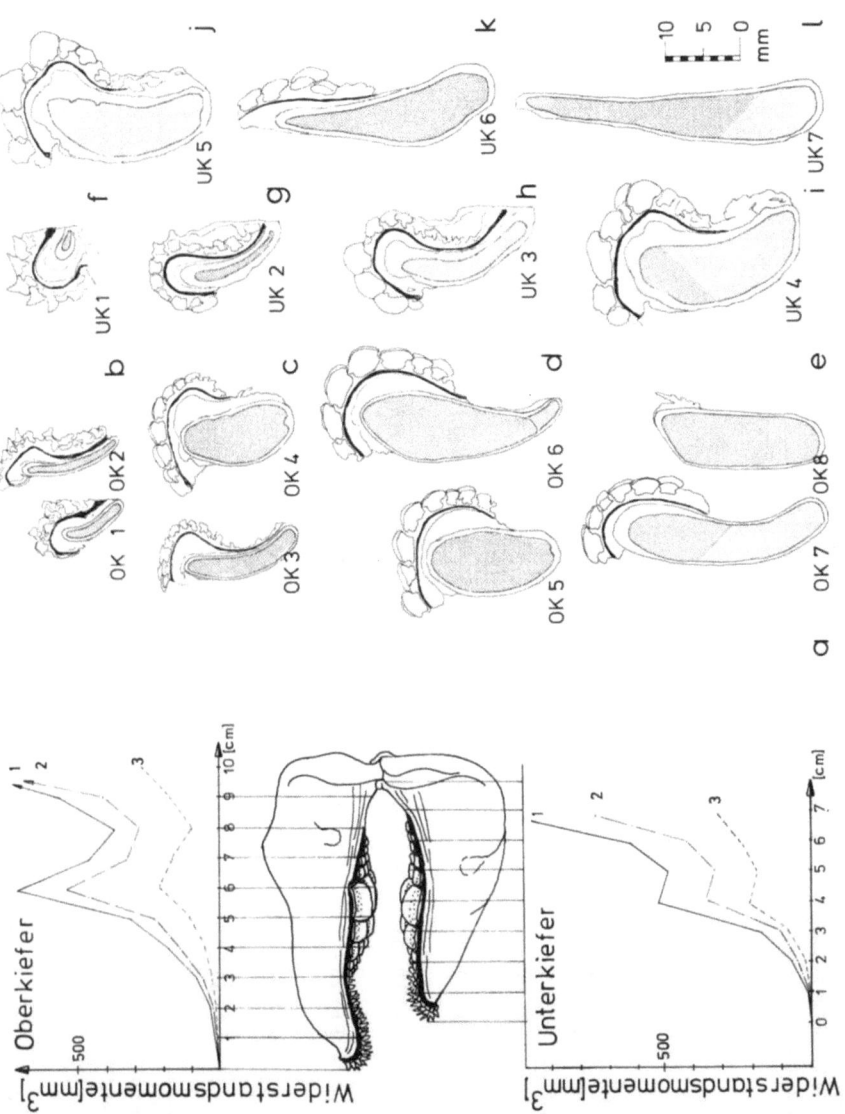

Abb. 17.(a) Schnittfolge der in Abb. 17b–l vergrößerten Querschnitte durch die Kiefer und die graphische Darstellung ihrer Widerstandsmomente. (b–l) Abbildungen der in konstanten Abständen durch Ober- und Unterkiefer gelegten Querschnitte

Tabelle 1. Berechnung der Widerstandsmomente des Oberkiefers

Schnitt	Vollkörper (Kern + Ring)			Vollkörper (Kern)			Hohlkörper (Ring)		
1	$0,1 \cdot 6 \cdot 32^2$	=	614,4 (15)	$0,1 \cdot 4 \cdot 29^2$	=	336,4 (8,2)	$0,1 \cdot \dfrac{6 \cdot 32^3 - 4 \cdot 29^3}{32}$	=	309,5 (7,5)
2	$0,1 \cdot 5 \cdot 47^2$	=	1104,5 (26,9)	$0,1 \cdot 3,5 \cdot 42^2$	=	617,4 (15)	$0,1 \cdot \dfrac{5 \cdot 47^3 - 3,5 \cdot 42^3}{47}$	=	552,8 (13,5)
3	$0,1 \cdot 11 \cdot 55^2$	=	3327,5 (81,0)	$0,1 \cdot 9 \cdot 52^2$	=	2433,6 (59,3)	$0,1 \cdot \dfrac{11 \cdot 55^3 - 9 \cdot 52^3}{55}$	=	1026,6 (25,0)
4	$0,1 \cdot 25 \cdot 54^2$	=	7290 (177,5)	$0,1 \cdot 23 \cdot 50^2$	=	5750 (140)	$0,1 \cdot \dfrac{25 \cdot 54^3 - 23 \cdot 50^3}{54}$	=	1965,9 (47,9)
5	$0,1 \cdot 30 \cdot 65^2$	=	12675 (308,7)	$0,1 \cdot 27 \cdot 59^2$	=	9398,7 (228,9)	$0,1 \cdot \dfrac{30 \cdot 65^3 - 27 \cdot 59^3}{65}$	=	4143,9 (100,9)
6	$0,1 \cdot 31 \cdot 96^2$	=	28569,6 (695,8)	$0,1 \cdot 28 \cdot 88^2$	=	21683,2 (528,1)	$0,1 \cdot \dfrac{31 \cdot 96^3 - 28 \cdot 88^3}{96}$	=	8693,3 (211,7)
7	$0,1 \cdot 19 \cdot 100^2$	=	19000 (462,7)	$0,1 \cdot 16 \cdot 91^2$	=	13249,6 (322,7)	$0,1 \cdot \dfrac{19 \cdot 100^3 - 16 \cdot 91^3}{100}$	=	6942,8 (169,1)
8	$0,1 \cdot 25 \cdot 78^2$	=	15210 (370,4)	$0,1 \cdot 22 \cdot 73^2$	=	11723,8 (285,5)	$0,1 \cdot \dfrac{25 \cdot 78^3 - 22 \cdot 73^3}{78}$	=	4237,7 (103,2)
9	$0,1 \cdot 31 \cdot 86^2$	=	22927,6 (558,4)	$0,1 \cdot 27 \cdot 79^2$	=	16850,7 (410,6)	$0,1 \cdot \dfrac{31 \cdot 86^3 - 27 \cdot 79^3}{86}$	=	74485,5 (181,4)
10	$0,1 \cdot 41 \cdot 103^2$	=	43496,9 (1059,4)	$0,1 \cdot 38 \cdot 96^2$	=	35020,8 (852,9)	$0,1 \cdot \dfrac{41 \cdot 103^3 - 38 \cdot 96^3}{103}$	=	10856,1 (264,4)

Die der Rechnung zu Grunde liegenden Formeln sind in Abb. 16 angegeben. Alle Werte sind mm-Angaben bis auf den const. Faktor 0,1 und beziehen sich auf die in Abb. 17 dargestellten Kieferquerschnitte. Die natürliche Größe ist in (mm³) angegeben und in Abb. 17 graphisch dargestellt.

Tabelle 2. Berechnung der Widerstandsmomente des Unterkiefers

Schnitt	Vollkörper (Kern + Ring)	Vollkörper (Kern)	Hohlkörper (Ring)
1	$0{,}1 \cdot 8 \cdot 18^2 = 259{,}2 \ (\ 6{,}3)$	$0{,}1 \cdot 4 \cdot 12^2 = 57{,}6 \ (\ 1{,}4)$	$0{,}1 \cdot \dfrac{8 \cdot 18^3 - 4 \cdot 12^3}{18} = 220{,}8 \ (\ 5{,}4)$
2	$0{,}1 \cdot 9 \cdot 55^2 = 2722{,}5 \ (\ 66{,}3)$	$0{,}1 \cdot 4 \cdot 45^2 = 810 \ (\ 19{,}7)$	$0{,}1 \cdot \dfrac{9 \cdot 55^3 - 4 \cdot 45^3}{55} = 2059{,}8 \ (\ 50{,}2)$
3	$0{,}1 \cdot 14 \cdot 72^2 = 7257{,}6 \ (\ 176{,}8)$	$0{,}1 \cdot 10 \cdot 64^2 = 4096 \ (\ 99{,}8)$	$0{,}1 \cdot \dfrac{14 \cdot 72^3 - 10 \cdot 64^3}{72} = 3616{,}7 \ (\ 88{,}1)$
4	$0{,}1 \cdot 30 \cdot 85^2 = 21675 \ (\ 527{,}9)$	$0{,}1 \cdot 25 \cdot 76^2 = 14440 \ (351{,}7)$	$0{,}1 \cdot \dfrac{30 \cdot 85^3 - 25 \cdot 76^3}{85} = 8763{,}8 \ (213{,}4)$
5	$0{,}1 \cdot 30 \cdot 85^2 = 20667 \ (\ 503\ \ )$	$0{,}1 \cdot 24 \cdot 76^2 = 13862 \ (337{,}6)$	$0{,}1 \cdot \dfrac{30 \cdot 83^3 - 24 \cdot 76^3}{83} = 7973{,}7 \ (194{,}2)$
6	$0{,}1 \cdot 24 \cdot 104^2 = 25958{,}4 \ (\ 632\ \ )$	$0{,}1 \cdot 20 \cdot 94^2 = 17672 \ (430{,}2)$	$0{,}1 \cdot \dfrac{24 \cdot 104^3 - 20 \cdot 94^3}{104} = 9985{,}6 \ (243{,}1)$
7	$0{,}1 \cdot 20 \cdot 145^2 = 42050 \ (1024{,}1)$	$0{,}1 \cdot 17 \cdot 135^2 = 30982{,}5 \ (754{,}6)$	$0{,}1 \cdot \dfrac{20 \cdot 145^3 - 17 \cdot 135^3}{145} = 13204{,}2 \ (321{,}6)$

Die der Rechnung zu Grunde liegenden Formeln sind in Abb. 16 angegeben. Alle Werte sind mm-Angaben bis auf den const. Faktor 0,1 und beziehen sich auf die in Abb. 17 dargestellten Kieferquerschnitte. Die natürliche Größe ist in (mm³) angegeben und in Abb. 17 graphisch dargestellt

te aufgenommen werden können. Daß die Größenabnahme der Widerstandsmomente distal der Hauptquetschzahnreihe im Oberkiefer stärker ist als im Unterkiefer, läßt sich aus der Tatsache erklären, daß sich der Oberkiefer im Bereich der Schnitte (7) und (8) gegen das Cranium abstützt (vgl. Abb. 17). Durch diese Abstützung wird die in Form von Druck auf den Oberkiefer aufgebrachte Kraft zum Teil auf das Cranium weitergeleitet. Oberkiefer und Cranium bilden also statisch gesehen eine Einheit.

Da der Oberkiefer im Bereich höchster Biegebeanspruchung (Schnitt 7 und 8) unterstützt wird, biegt er sich bei gleicher Biegebeanspruchung nicht so stark durch wie der Unterkiefer. Dadurch kann die Masse des Kieferkörpers reduziert und somit auch das Widerstandsmoment verringert werden.

Der auf den Unterkiefer aufgebrachte Druck wird vollständig vom Kieferkörper aufgenommen und auf die Muskulatur weitergeleitet. Eine Abstützung durch andere Strukturen wie im Oberkiefer ist nicht möglich. Daraus erklärt sich die im Vergleich zum Oberkiefer im Schnittbereich (7) und (8) (Abb. 17) verstärkte Massenzunahme des Unterkiefers, die gleichzeitig eine Erhöhung des Widerstandsmomentes bewirkt.

F. Festigkeitsprüfungen

Um eine ungefähre Vorstellung zu haben, welchen Beanspruchungen die knorpeligen Kieferkörper tatsächlich widerstehen können, wurden Festigkeitsprüfungen durchgeführt. Der Selachier-Knorpel ist arm an Zellen; sie liegen in einer Matrix aus Kollagenfasern, Mucopolysacchariden, Calciumphosphateinlagerungen in Kristallform und einem sehr großen Wasseranteil. Deshalb wurde der Knorpel in nassem Zustand untersucht. Eine mögliche Verfälschung der physikalischen Eigenschaften durch die Fixierung in Formol-Alkohol konnte nicht berücksichtigt werden.

1. Druckversuche

a) Druckversuche an Knorpel. Die Druckversuche wurden an vier Arten von Prüfkörpern (Abb. 18) vorgenommen. Die Körper 1 und 2 wurden aus dem macerierten Unterkiefer in Gelenknähe herausgeschnitten. Die verkalkte Knorpelhülle blieb an zwei Seiten erhalten. Die Körper 3 und 4 bestanden aus Querschnittsscheiben des Unterkiefers, deren Ober- und Unterteil der besseren Krafteinleitung wegen in Polyesterharz eingebettet wurden. Die verkalkte Knorpelhülle und der Zahnhalteapparat wurden nicht entfernt.

Prüfkörper (1): Es wurde Druck in rostro-caudaler Richtung (also in der Kieferlängsachse) ausgeübt. Bei 660 N, das entspricht einem Druck von 0,34 kp/mm², entstand ein Riß im Knorpelkörper. Er verlief ähnlich wie bei einem Prüfkörper aus Stahl unter einem Winkel von annähernd 45°. Das entspricht dem Verlauf der größten Scherspannung.

Prüfkörper (2): Er wurde einem Druck in Richtung der Transversalebene des Kieferkörpers (also in Richtung der Beißkraft) von 200 N ausgesetzt, entsprechend einem Druck von 0,17 kp/mm². Auch hier gab es wieder einen Scherbruch des Knorpelkörpers unter 45°.

Prüfkörper (3): Diese gelenknahe Kieferscheibe knickte bei einer Lastaufnahme von 190 N aus, was einem Druck von 0,27 kp/mm² entspricht. Ausschlaggebend dafür war die gebogene Querschnittform und die im Verhältnis zur Druckfläche große Höhe des Prüfkörpers.

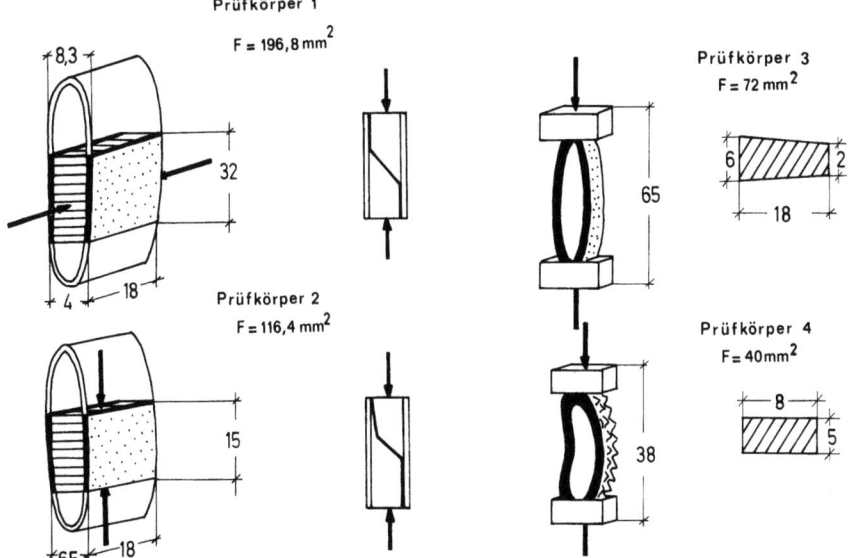

Abb. 18. Lage und Verhalten der für die Festigkeitsuntersuchung aus den Kiefern entnommenen Prüfkörper

Prüfkörper (4): Diese symphysennahe Scheibe aus dem bezahnten Kieferanteil knickte bei einer Lastaufnahme von 190 N, entsprechend einem Druck von 0,48 kp/mm², in Richtung des Beißdruckes aus. Ausschlaggebend hierfür war wieder die Querschnittsform und die im Verhältnis zu Prüfkörper (3) reduzierte Höhe.

Der Knorpel kann demnach in Richtung der Kieferlängsachse (Sagittalebene des Körpers) doppelt soviel Druck aufnehmen wie senkrecht zur Kauebene. Das bedeutet, daß der Feinbau des Kiefers so beschaffen ist, daß er den aus der Biegung herrührenden Druckbeanspruchungen höheren Widerstand entgegensetzt als den Druckkräften, die beim Beißen zwischen Zahnreihen und Muskelansätzen auftreten.

Die erhaltenen Zahlenwerte sind nur bedingt verwendbar, da die Verformung allein mit dem Auge beurteilt wurde. Eine exakte Angabe, wann die Druckaufnahme aufhörte und das Ausknicken begann, ist daher nicht möglich.

b) Die Verformung des Kieferkörpers unter Druckeinwirkung. Die Querschnittsform des Kieferkörpers und die Struktur des Knorpels tragen dazu bei, daß die auftretenden Kräfte nur zu einem kleinen Teil in Form von Druck in Erscheinung treten. Auch hier findet hauptsächlich eine Umformung von Druck- in Zugbelastung statt (Abb. 19). Durch die nach buccal convex gewölbte Querschnittsform ist bei Belastung in vertikaler Richtung ein elastisches Ausknicken des Kieferkörpers in gewissen Grenzen möglich. Dieses erlauben die Kollagenfasern des Perichondriums in bestimmten Grenzen, welche durch die verkalkte Knorpelhülle festgelegt sind. An der concaven Seite wird die Knorpelhülle mit ihren Kalkeinlagerungen auf Druck beansprucht (Abb. 19b).

Die zahlreichen, starken Faserzüge des flachen Systems, die sich zwischen den verkalkten Wänden ausspannen und überkreuzen, sowie die Fasern des steilen Systems werden durch das oben beschriebene Ausknicken gespannt und auf Zug belastet (Abb. 19c). So leisten sie der Verformung Widerstand.

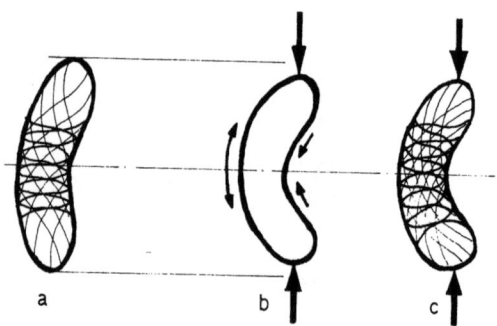

Abb. 19a–c. Verformung des Querschnittes durch den Kieferkörper bei Belastung. Durch die elastische Verformung tritt in der verkalkten Hülle auf der lingualen Seite Druck und auf der buccalen Seite Zug auf. Gleichzeitig werden auch die inneren Fasersysteme auf Zug beansprucht

2. Zugversuche

a) Zugversuche bei Knorpel. Für den Zugversuch wurde eine Oberkieferhälfte im Symphysen- und im Gelenkbereich mit Polyester eingegossen und über eine Zugvorrichtung belastet. Die Zähne und das Kollagenfaserbündel (d), wie in Kapitel I, E. beschrieben, waren abgetrennt, das Perichondrium und das Polster des Zahnhalteapparates erhalten. Nachdem ein Zug von 246 N, entsprechend 0,12 kp/mm^2, ausgeübt worden war, riß die verkalkte Mantelschicht, wie in Abbildung 20 bei Punkt (1) ersichtlich ist. Dann ging die Lastaufnahme zurück, bis ein Teil der Kollagenfasern des Perichondriums soweit gedehnt war, daß es in der Lage war Zug aufzunehmen. Als dessen Widerstandskraft erschöpft war, wurde ein anderer Kollagenfaseranteil unter Spannung gesetzt und gedehnt. Das ging so weiter, bis bei Punkt (2) der Oberkiefer aus der Haltevorrichtung gerissen wurde.

Aus dem Versuch geht eindeutig hervor, daß der Kieferknorpel bei Zugbelastung nur etwa ein Drittel der Druckkraft aushält. Das ihn umgebende Kollagenmaterial des Perichondriums, des Zahnhalteapparates und der Faserbündel ist allerdings in der Lage, weit höherer Zugbeanspruchung standzuhalten. Es wurden daher auch Versuche durchgeführt, die Zugfestigkeit des kollagenen Fasermaterials für sich allein zu bestimmen.

b) Zugversuche an Kollagenfasern. Es wurde wiederum in Formol-Alkohol fixiertes Material des Faserbündels (d), – vgl. Kapitel I, E. – vom Oberkiefer verwandt, das sich an die labialsten Zähne der Zahnwalzen anschließt und vom Rostrum bis zum Gelenk zieht.

Beim ersten Versuch (Abb. 20) wurde ein Probekörper von 24,3 mm Länge, 17,1 mm Breite und 3,2 mm Dicke zwischen die Feststellbacken der Zugvorrichtung gespannt und in der Längsachse der Fasern belastet. Leider wurde der Probekörper bei einer Zugleistung von 350 N, entsprechend 0,65 kp/mm^2, aus seiner Halterung gerissen.

Beim zweiten Versuch wurde ein Probekörper von 30 mm Länge, 10,2 mm Breite und 3,5 mm Dicke einer Zugleistung von 425 N unterworfen, bei der er aus seiner Halterung riß, bevor er eine seiner Zugfestigkeit entsprechende höhere Zugbelastung aufnehmen konnte.

3. Diskussion der Versuchsergebnisse

Die besonderen Materialeigenschaften des Selachierknorpels werden deutlich, wenn wir sie mit den mechanischen Eigenschaften des hyalinen Rippenknorpels einiger Säuge-

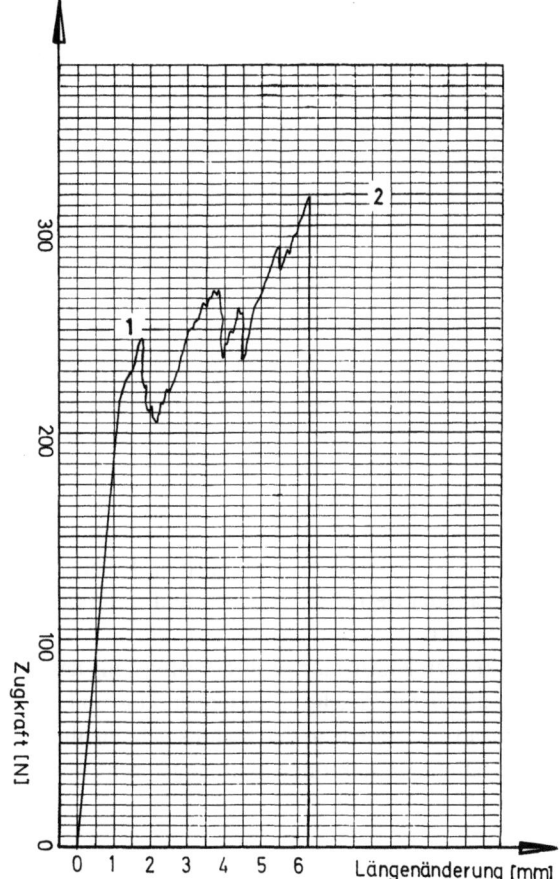

Abb. 20. Spannungs-Dehnungs-Diagramm des Kieferkörpers. Zähne und Zahnhalteapparat sowie die Kollagenfaserbündel der Kieferaußenseite sind entfernt. Bei 1 reißt die verkalkte Knorpelhülle, bei 2 reißt der Kieferkörper aus der Spannvorrichtung. Die dazwischen befindlichen Kurvenmaxima entstehen durch die Dehnung verschiedener Faserelemente des Perichondriums, die nacheinander beansprucht werden

tiere vergleichen. Der Rippenknorpel wird in besonderem Maße auf Biegung beansprucht und bietet sich daher am ehesten zum Vergleich an.

In der folgenden Tabelle sind die mechanischen Eigenschaften des hyalinen Rippenknorpels bei Säugetieren (Yamada, 1970) und die bei *Heterodontus* aufgeführt.

Belastung	Rind	Schwein	Mensch	Heterodontus
Zug (kp/mm^2)	0,82	0,44	0,29	0,12
Druck (kp/mm^2)	2,3	1,1	0,82	0,34

Die bei *Heterodontus* erzielten Ergebnisse liegen um die Hälfte niedriger als die Festigkeitswerte für feuchten, hyalinen Rippenknorpel des Menschen. Dessen Werte sind schon im Vergleich zu anderen Säugetieren gering, so betragen sie z. B. im Vergleich zum Schwein nur die Hälfte und zum Rind gar nur ein Viertel von deren Belastbarkeit. Das Verhältnis von Zug- zu Druckbelastung jedoch ist bei allen vier Formen gleich. Der hyaline Knorpel ist in der Lage das 2,8-fache der maximalen Zugkraft in Form von Druck aufzunehmen.

Die von Gattung zu Gattung unterschiedlichen Festigkeitswerte könnten Ausdruck einer Limitierung des Körpers sein, die mit der Lebensweise und Art der Bewegung, der Körpergröße und den sich daraus ergebenden Belastungsmöglichkeiten in Zusammenhang steht. Erstaunlich ist dabei, daß trotz der geringen Festigkeitswerte des Selachierknorpels die mechanische Belastbarkeit des Haigebisses erstaunlich groß ist. Dies zeigten Snodgrass und Gilbert (1967), die im Aquarium gehaltene, räuberische, pelagische Haie in ein Meßgerät beißen ließen, das Werte bis zu 30 kp/mm² registrierte.

Die Festigkeitseigenschaften der Kollagenfasern bei *Heterodontus* scheinen im Bereich der für menschliche Sehnen erhaltenen Zugfestigkeitswerte zu liegen, die Arnold (1974) mit 4,3 kp/mm² angibt und Cronkite (1936) mit 6,11–12,65 kp/mm².

G. Richtung und Verlauf auftretender Spannungen

Um die Anordnung der Materialien im Kiefer verstehen zu können, ist nach Kenntnis der Festigkeitseigenschaften noch die Spannungsverteilung im Ober- und Unterkiefer erforderlich, die während des Beißens auftritt.

Wie schon erwähnt, rufen die einwirkenden Kräfte eine geringe Verformung des Kieferkörpers hervor. Um die dabei an dessen Oberfläche auftretenden Zug- und Druckspannungen darzustellen, kann man verschiedene in der Technik gebräuchliche Verfahren anwenden, mit deren Hilfe Spannungstrajektorien sichtbar gemacht werden können.

1. Allgemeine Bemerkungen über Spannungstrajektorien

Unter Spannungstrajektorien versteht man Linienzüge, die an jeder Stelle des belasteten Körpers die Richtungen der Spannungen angeben und die sich überall unter gleichem Winkel schneiden. Wenn das Material, aus dem ein belasteter Körper besteht, sowohl Druck als auch Zug Widerstand leisten kann, dann gerät der Körper unter Spannung.

Zur bestmöglichen Sicherung des Körpers gegen Belastung können in der Kompressionsrichtung druckfeste Stützen und in der Richtung der größten Dehnung zugfeste Fasern eingebaut werden. Die Verlängerung dieser einzelnen Widerstandselemente ergibt ein System, das parallel zu den Druck- und Zugspannungstrajektorien verläuft.

Für jeden Spannungszustand eines Körpers können die entsprechenden Spannungstrajektorien konstruiert werden. Den Spannungstrajektorienverlauf in einer Konsole zum Beispiel zeigt die Abb. 21a. Darunter ist das Trajektorienbild auf den Kieferapparat von *Heterodontus* projiziert (Abb. 21b), das theoretisch dessen Spannungszustand darstellen müßte. Der Verlauf der Spannungstrajektorien beim Balken auf zwei Stützen und die entsprechende Projektion auf den Kieferapparat geht aus den Abbildungen 21c–e hervor.

2. Modellherstellung und Versuchsdurchführung

Nach diesen theoretischen Betrachtungen soll nun untersucht werden, ob sich die angestellten Vermutungen im Modellversuch bestätigen. Zur Darstellung von Spannungs-

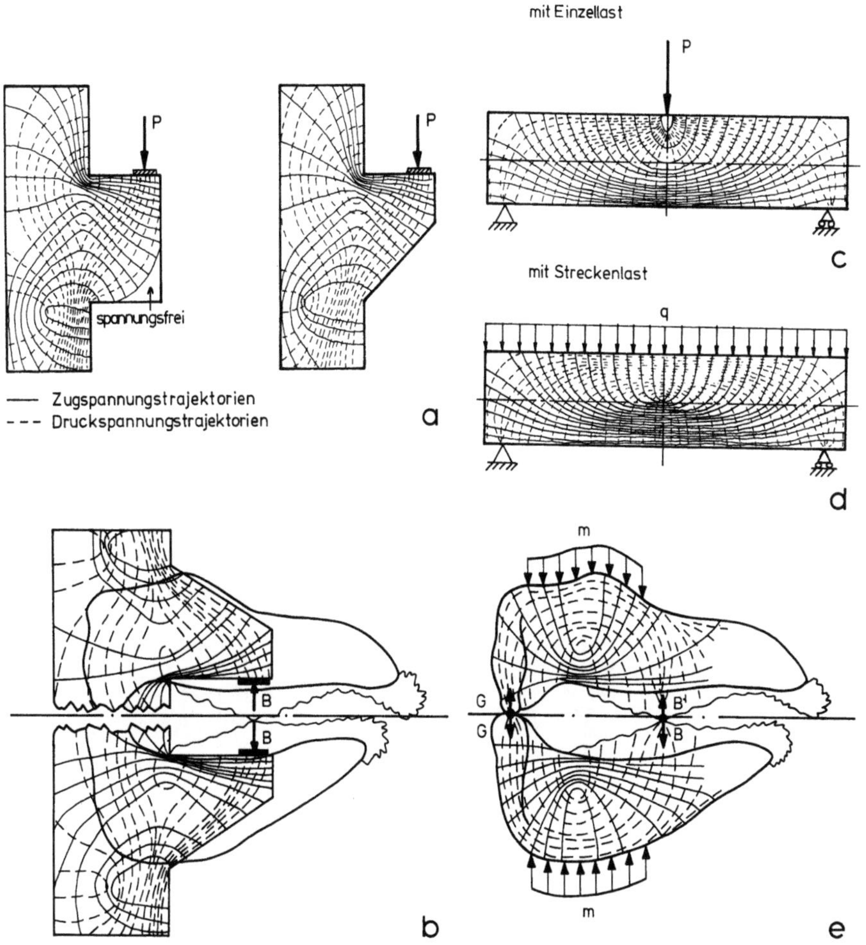

Abb. 21. (a) Der Verlauf von Spannungstrajektorien (nach Franz/Niedenhoff) in Konsolen. (b) bei Projektion auf den Kieferapparat, (c und d) in Balken auf 2 Stützen (nach Franz/Niedenhoff), (e) bei Projektion auf den Kieferapparat

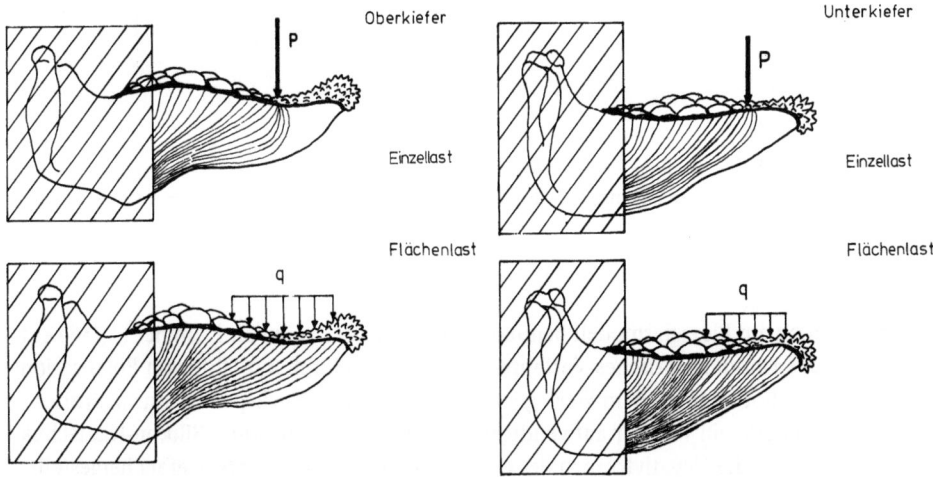

Abb. 22. Rißlinienmuster von Ober- und Unterkieferabgüssen aus Elastic-Glas, die im Gelenkbereich eingespannt sind, bei Einzel- und Flächenlast

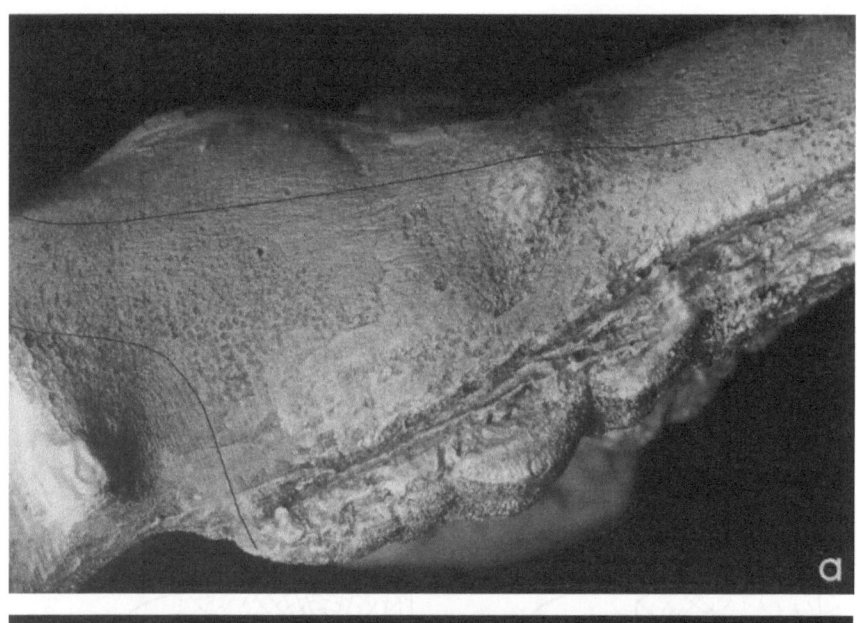

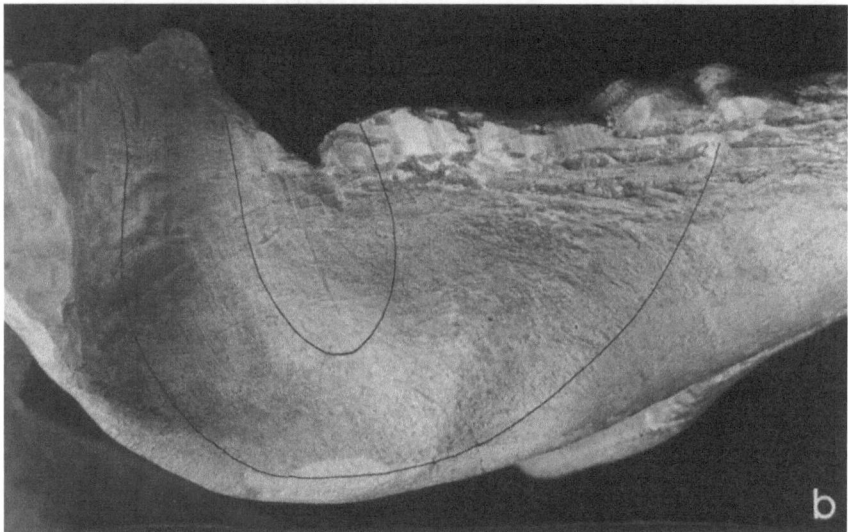

Abb. 23. Rißlinienscharen im Reißlack der aus Elastic-Glas gegossenen Oberkiefer (a) und Unterkiefermodelle (b) nach Belastung. Zum besseren Erkennen sind einige Rißlinien mit Tusche nachgezogen

trajektorien am Plexiglasmodell benutzte Küppers (1971) ein von Kummer (1956) entwickeltes spannungsoptisches Verfahren. Er erhielt dadurch mit Hilfe von Polarisationsfolien auf photographischem Wege gleichzeitig Zug- und Druckspannungstrajektorien.

Ich benutzte ein weniger aufwendiges Verfahren. Mit Hilfe einer Silikon-Kautschukmasse wurden die Negativformen des entfleischten Ober- und Unterkiefers hergestellt. Mit einem Elastic-Gießharz wurden diese Formen ausgegossen und die so erhaltenen Kieferabgüsse mit einem speziellen Reißlack besprüht.

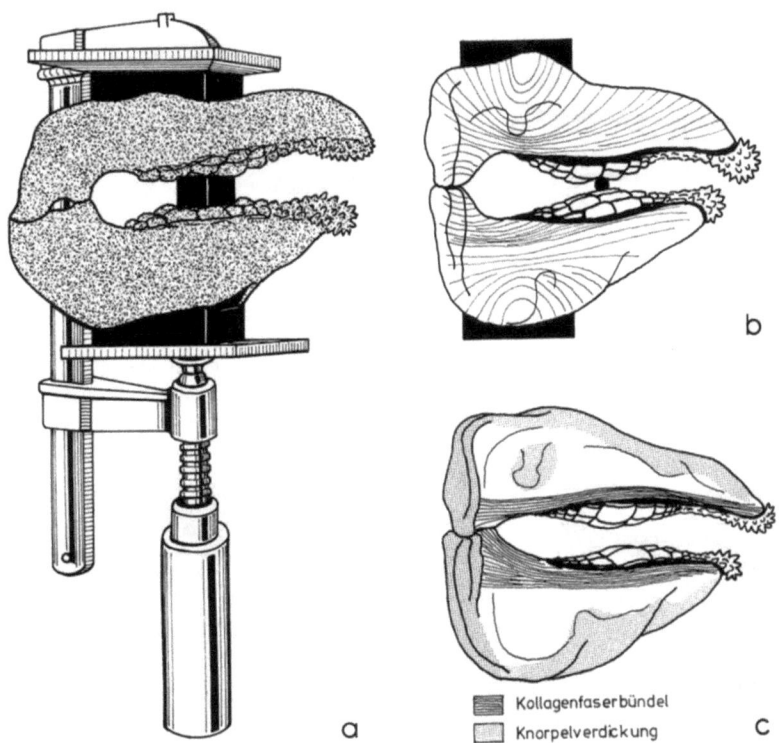

Abb. 24. (a) Versuchsanordnung zur Simulierung der bei der Nahrungszerkleinerung auftretenden Biege- und Zugbeanspruchung in den Kieferkörpern. (b) Rißlinienmuster bei Zugbeanspruchung, (c) Materialverteilungszonen

Im Unterschied zu dem durch Küppers (1971) angewendeten Verfahren war es jedoch nicht möglich, die auftretenden Zug- und Druckspannungstrajektorien gleichzeitig sichtbar zu machen. Daher wurde zuerst der Verlauf der Druckspannungstrajektorien dargestellt. Die Kiefer wurden 1. wie eine Konsole bzw. Freiträger und 2. wie ein Balken auf zwei Stützen belastet.

1. Ober- und Unterkiefer wurden jeder für sich im Bereich des letzten Drittels fest eingespannt, nachdem sie in diesem Teil in einen Kunststoffblock eingegossen worden waren. Dann wurden sie (a) mit einer Punktlast und (b) mit einer kleinen Flächenlast im vorderen Drittel belastet, während der Kunstoffblock fest in einem Schraubstock eingespannt war. Die dabei entstandenen Rißlinienmuster, die dem Druckspannungstrajektorienverlauf entsprechen, zeigt Abbildung 22. Es kam dabei, wie theoretisch zu erwarten, an der Kieferunterseite, d. h. an der den Zahnreihen entgegengesetzten Seite, eine erhöhte Druckbeanspruchung zum Vorschein, im Modell an dem engen Verlauf der Rißlinien erkennbar. Um den natürlichen Gegebenheiten näher zu kommen, wurden die Kieferverhältnisse anschließend mit einem Balken auf zwei Stützen verglichen.

2. Ober- und Unterkiefer wurden separat geprüft. Den zwei Auflagepunkten entsprachen die Abstützungen im Gelenkbereich (G) und im Bereich der Zähne (B), während die angreifenden Muskeln durch die aufgebrachten Streckenlasten (m) simuliert wurden. Es wurden dabei nur die vertikalen Anteile der Muskel- und Reaktionskräfte berücksichtig.

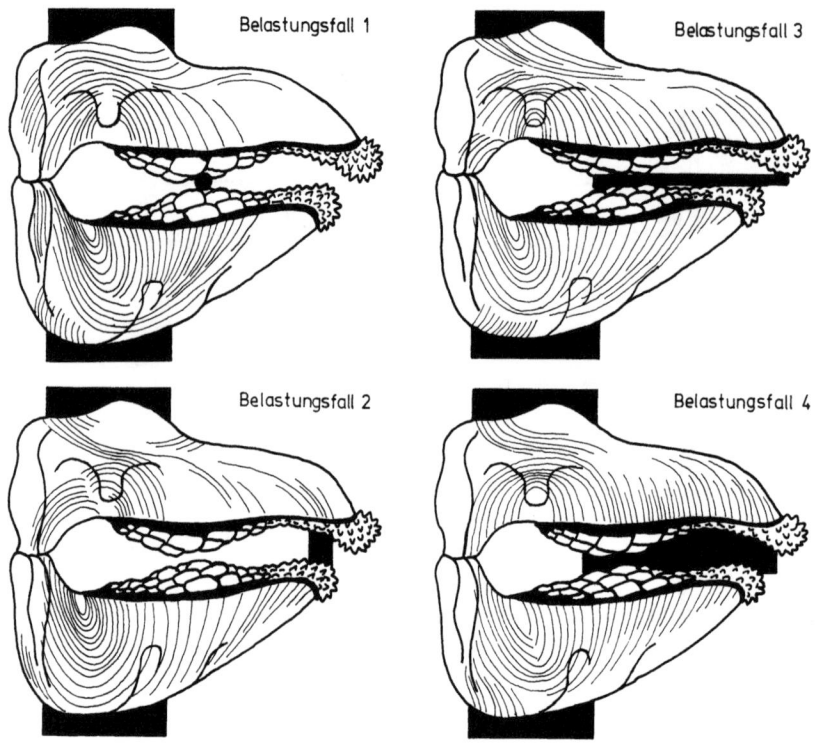

Abb. 25. Rißlinienmuster bei Belastung durch unterschiedlich geformte Gegenstände zwischen den Zahnreihen

Die Entfernungen der zu zerbeißenden Objekte vom Schnittpunkt der Wirkungslinien der Muskelkräfte wurden absichtlich so gewählt, daß immer Druck im Gelenkbereich auftreten mußte, da der Idealfall des druckfreien Gelenkes weniger häufig eintreten dürfte. So wurde gleichzeitig den natürlichen Verhältnissen Rechnung getragen und durch die größere Verformung der Kieferkörper eine bessere Ausbildung der Rißlinienmuster erreicht.

Im Bereich der Muskelansatzpunkte wurde mit einem Kaltpolymerisat eine Auflage geschaffen, die auf einem Brett fixiert wurde, um eine gleichmäßige Krafteinleitung in die Kiefer zu erzielen. Daraufhin wurden die Kiefer im bezahnten Bereich wie folgt gesperrt:

1. mit einem 5 mm ⌀ Rundstab in Kiefermitte,
2. mit einem 7 mm quadratischen Stab im Frontbereich,
3. mit einer 4 mm starken und 5 cm langen Platte in der vorderen Kieferhälfte,
4. mit einem 1 cm hohen Silikon-Kautschuk-Streifen in der vorderen Kieferhälfte.

Dann wurde mit Hilfe der Schraubzwinge Druck ausgeübt, bis sich im Lack Rißlinien zeigten (Abb. 24a). Die entstandenen Rißlinienmuster sind in den Abbildungen 21, 23, 24, 25 dargestellt.

Die Herstellung der Rißlinienmuster bei Zugbeanspruchung war etwas schwieriger, da die Modelle in diesem Fall zuerst unter Druckspannung gesetzt werden mußten. Dann erfolgte das Einsprühen mit dem Reißlack und erst nach dessen Trocknung konnte entlastet werden. Die nun auftretenden Rißlinien entsprachen den Zugspannungstrajektorien (Abb. 24b). Sie waren leider nicht so deutlich ausgeprägt, daß sie photographisch festgehalten werden konnten.

3. Die Auswertung der Rißlinienbilder

Obwohl wir ein Verbundmaterial vor uns haben, dürften dennoch die Rißlinienmuster, die für ein homogenes Material gewonnen worden sind, über die im Kiefer von *Heterodontus* vorherrschenden Spannungsverhältnisse Aufschluß geben.

Bei ihrer Auswertung zeigt sich im Verlauf der Linien bei den verschiedenen Belastungsfällen kein wesentlicher Unterschied. Nur an den Stellen der Krafteinleitung treten leichte Variationen auf. Beim Vergleich der experimentell ermittelten Rißlinienmuster mit den konstruierten Spannungstrajektorienbildern für einen Balken auf zwei Stützen (vgl. Abbildungen aus der Zeitschrift „Beton- und Stahlbetonbau"), ergibt sich Übereinstimmung. Anhand der Trajektorien läßt sich nun nachweisen, daß sowohl im Ober- als auch im Unterkiefer an der bezahnten Kante die Belastung auf Zug vorherrscht, während an der zahnlosen Kante die Druckbelastung dominiert.

Wie schon erwähnt, können zur bestmöglichen Sicherung des Körpers in Kompressionsrichtung druckfeste Stützen und in Richtung der größten Dehnung zugfeste Verspannungen eingebaut werden. Der Kieferkörper der Selachier hat nur Knorpelmaterial zur Verfügung. Er kann sich nur durch vermehrten Einbau von Calcium-Phosphat in Form von Apatitkristallen im Knorpelmantel und durch Anbringung von Kollagenfaserbündeln, zusätzlich zum Perichondrium, im Bereich der größten Dehnung helfen. Die in Kapitel I. E. beschriebene Faserschicht nimmt den Zug auf und entspricht somit der Bewehrung aus Eisenstäben in einem Stahlbetonträger.

In den Querschnitten (Abb. 17b–i) ist keinerlei Hinweis vorhanden auf eine Anhäufung von verkalktem Knorpel im Bereich verstärkter Druckbelastung. Läßt man die Kiefer jedoch trocknen, so schrumpft der Knorpel im mittleren Drittel der Kieferkörper dort, wo die Muskelansätze liegen, besonders stark. Es ist demnach möglich, daß an den Rändern des Querschnittes anstelle einer Materialanhäufung das Knorpelmaterial weniger Wasser enthält und so in diesen besonders hoch beanspruchten Zonen eine höhere Festigkeit besitzt.

Zusammenfassung

Die Konstruktionsmorphologie des Kieferapparates beim Stierkopfhai (*Heterodontus portusjacksoni*) wurde untersucht. Neben einer Beschreibung der Kiefermuskulatur wurden deren Zugrichtungen, Ursprünge und Insertionsflächen bestimmt und die Wirkungslinien der einzelnen Muskeln ermittelt. Die isolierten Muskeln wurden gewogen, um anhand ihrer Gewichte eine Vorstellung von den durch die einzelnen Anteile hervorgebrachten Kräften zu gewinnen.

Kiefergelenke, Kieferokklusion, Zahnhalteapparat und Kieferkörper wurden makroskopisch und mikroskopisch untersucht und beschrieben. Die Kiefergelenke setzen sich aus zwei Gelenkanteilen zusammen, einem medialen und einem lateralen Gelenk. Sie lassen nur eine reine Scharnierbewegung der Kiefer zu. Beim Schließen der Kiefer treten nur im Bereich der großen Quetschzähne die obersten Zähne einiger weniger Zahnwalzen miteinander in Okklusion.

Durch den Zahnhalteapparat sind die Zähne ligamentös am Kieferkörper befestigt. Er läßt histologisch eine Dreischichtung erkennen. Die oberste Schicht, die bis knapp unter die Zahnbasen reicht, setzt sich aus den Fibrae interdentales und Fibrae subbasales zusammen. Durch sie werden die einzelnen Zähne des Zahnpflasters fest miteinander verbunden. Die Mittelschicht ist durch ihren Kernreichtum gekennzeichnet. Durch die relativ höhere Wachstumsgeschwindigkeit des zahnnahen Fasergewebes gegenüber dem kieferkörpernahen ergibt sich eine besondere Wachstumsstruktur. Das Fasersystem, das die unterste Schicht bildet, ist nach funktionellen Gesichtspunkten angeordnet. Im Zahnhalteapparat herrschen zwei Konstruktionsprinzipien vor:

1. Es erfolgt eine Kraft- bzw. Lastaufteilung. Diese wird durch die Mehrpunktabstützung der Zahnreihen und durch die Lastübertragung von den belasteten Zähnen auf die lingualen Nachbarzähne erreicht.

2. Es findet ähnlich wie bei den thekodonten Säugetieren eine Umwandlung von Druck- in Zugbeanspruchung statt. Dieses wird durch den Aufbau des Zahnhalteapparates und durch Form und Bau des Kieferkörpers erreicht.

Größe und Richtung der in Ober- und Unterkiefer beim Beißen auftretenden Spannungen wurden mit den Spannungsbildern in Konsolen und Balken in der Technik verglichen. Die Form der Kiefer entspricht derjenigen eines Trägers gleicher Festigkeit auf zwei Stützen.

Die unter definierten Bedingungen im Modellversuch auftretenden Spannungen im Ober- und Unterkiefer stimmen mit dem theoretisch zu erwartenden Spannungsbild überein. Die im Kieferapparat vorhandenen Gewebe sind so angeordnet, daß ihre Festigkeitseigenschaften optimal genutzt werden.

Die Festigkeitseigenschaften von Knorpel und Kollagenfasern des untersuchten Haies wurden ermittelt und mit entsprechenden Werten von Säugetieren verglichen.

Durch Berechnung der Widerstandsmomente der Kieferkörper konnte die Belastbarkeit von Ober- und Unterkiefer dargestellt werden. Im Bereich des Schnittpunktes der Wirkungslinien der Muskelkräfte weist der Kieferkörper die größten Widerstandsmomente auf. Somit befinden sich die Hauptquetschzähne am Ort der größten Belastbarkeit der waagerechten Kieferkörper.

Die theoretischen Betrachtungen, die Muskelgewichte und die Untersuchungen zur Mechanik der Kiefer ergaben, daß die auftretenden Muskelkräfte offenbar so ausgerichtet sind, daß bei maximaler Kraftentfaltung aller Kaumuskeln nur mäßig hohe Drucke im Kiefergelenk, jedoch sehr hohe Kräfte zwischen den Hauptquetschzahnreihen auftreten.

Summary

The constructional morphology of the jaw apparatus in the horn-shark *Heterodontus* has been investigated. The origines and insertions of the jaw muscles have been delimited and the lines of action were determined. The individual muscles have been weighed, in order to get on the basis of their masses an estimate of the forces which are exerted by the components of the jaw musculature.

The mandibular joints, the occlusion of the jaws, morphological details of the upper and lower jaws as well as the "subodontium" have been subject to macroscopic and microscopic study.

The joint between palatoquadrate and mandibular consists of a medial and a lateral compartment. Only hinge movements are possible. If the jaws are closed, the contacts between upper and lower jaws are confined to the large crushing teeth of only one or two tooth families.

The teeth are fixed to the jaw cartilage by ligamentous structures. Three layers can be discerned histologically: The uppermost layer, beneath the bases of the teeth, is composed of the fibrae interdentales and of the fibrae subbasales. By these, the individual teeth are firmly connected to form a continuous pavement. – The middle layer is characterised by the great number of cell nuclei. – The fibre system which constitutes the lowermost layer is arranged according to its function. The subdental layer of fibrous tissue grows faster than the one adjacent to the jaws. Thus a particular growth structure is formed. – Two constructive principles are realised:

1. The biting forces or "loads", applied to one or two teeth, are split and distributed on all teeth of the same family which are lingual of the loaded one.

2. As in the thecodont mammals, the compressive biting (= occlusal) force is transformed into a tensile force by the tooth-fixing apparatus and by the shapes of the jaws and this is sustained by fibrous structures.

Magnitude and directions of the stresses which appear in the upper and lower jaw during biting are compared with stress patterns evoked in consoles and in beams of technical constructions. The moments of resistance have been calculated for 9 or 8 cross sections, respectively, through the upper and the lower jaw. The forms of both jaws are comparable to a beam of equal strength on two supports, namely, bitten object and joints; while the load is represented by the muscular force. Where the bending moments are at a maximum, opposite to the muscle insertions, a strong ligamentous reinforcement of the perichondrium extends parallel to the tooth rows and fades out towards the joint and towards the symphysis.

The strength properties of cartilage and of collagenous fibres in the species under consideration have been measured.

The lines of action of the jaw muscles intersect in the area where the moments of resistance reach their maximum. The largest crushing teeth are located in this same section, so that the muscles exert most force on the teeth, while the joint is exposed to only moderate compression.

Literatur

Alexander, R. McN.: Animal mechanics. London: Sidgwick and Jackson 1968
Applegate, S. P.: A survey of shark hard parts. In: Sharks, Skates and Rays (eds. Gilbert/Mathewson/Rall), pp. 37–67. Baltimore: Johns Hopkins Press 1967
Arnold, G.: Biomechanische und rheologische Eigenschaften menschlicher Sehnen. Z. Anat. Entwickl.-Gesch. **143**, 263–300 (1974)
Bormuth, H.: Die trajektoriellen Strukturen im Knorpel der Haifische auf Grund von Untersuchungen im polarisierten Licht. Z. Zellforsch. **17**, 767–796 (1933)

Boyne, P. J.: Study of the chronologic development and eruption of teeth in Elasmobranchs. J. dent. Res. 49, 556–560 (1970)

Budker, P.: The life of sharks. London: Weidenfeld and Nicolson 1971

Crompton, A. W.: On the lower jaw of Diarthrognathus broomi and the origin of the mammalian jaw. Proc. Zool. Soc. (London) 140, 697–750 (1963)

Cronkite, A. E.: The tensile strength of human tendons. Anat. Rec. 64, 173–186 (1936)

Daniel, J. F.: The anatomy of *Heterodontus francisci* II.: The Endoskeleton. J. Morph. 26, 447–493 (1915)

Daniel, J. F.: The elasmobranch fishes. Berkeley: Univ. of Calif. Press 1934

De Terra, P.: Vergleichende Anatomie des menschlichen Gebisses und der Zähne der Vertebraten. Jena: DBV 1911

Franz, G., Niedenhoff, H.: Die Bewehrung von Konsolen und gedrungenen Balken. Beton-Stahlbetonbau 5, 112–120 (1963)

Frommel, D., Litman, G. W., Finstad, J., Good, R. A.: The immunglobulins of the horned shark *Heterodontus francisci*. J. Immunol. 106, 1234–1243 (1971)

Garman, S.: The Plagiostomia (sharks, skates and rays). Mem. Mus. Comp. Zool. 36, 1–528 (1913)

Gegenbaur, C.: Untersuchungen zur vergleichenden Anatomie der Wirbelthiere: Das Kopfskelett der Selachier, ein Beitrag zur Erkenntniss der Genese des Kopfskelettes der Wirbelthiere. 3. Heft. Leipzig: Vlg. Wilhelm Engelmann 1872

Goodrich, E. S.: Studies on the structure and development of Vertebrates (1930). Reprint by: Dover Publications New York 1958

Grady, J. E.: Tooth development in sharks. Arch. Oral. Biol. 15, 613–619 (1970)

Grigg, G. C.: Use of the first gill slits for waterintake in a Port Jackson shark. J. exp. Biol. 52, 565–574 (1971)

Grigg, G. C., Read, J.: Gill function in an Elasmobranch (Port Jackson shark). Z. vergl. Physiol. 73, 439–451 (1972)

Grundbau-Umdruck: „E 01 in situ stresses . . ." des Lehrstuhls für Wasserwirtschaft, Grundbau und Wasserbau der Techn. Hochschule Stuttgart 1965

Haber, G.: Über Anwendung der Kaudruckmessung. Dtsch. Mschr. Zahnheilk. 45, 487–488 (1927 a)

Haber, G.: Über die Ergebnisse mit dem Haberschen Kaudruckmesser. Zahnärztl. Rdsch. 28, 473–476 (1927 b)

Haller, Graf: Über die Entwicklung, den Bau und die Mechanik des Kieferapparates des Dornhais (*Acanthias vulgaris*). Morph. Jb. 2. Abt., 749–793 (1926)

„Hütte": Des Ingenieurs Taschenbuch, Teil I: Theoretische Grundlagen, 28. Aufl. Berlin: Wilhelm Ernst & Sohn

James, W. W.: The succession of teeth in the elasmobranchs. Proc. Zool. Soc. (London) 123, 419–443 (1953)

Jensen, D.: Intrinsic cardiac rate regulation in elasmobranchs: The horned shark *Heterodontus francisci* and thornback ray *Platyrhinoides triseriata*. Comp. Biochem. Physiol. 34, 289–296 (1970)

Jumikis, A. R.: Soil mechanics (ed. S. F. Borg). Princeton (N. J.): D. van Nostrand Company, Inc. 1962

Kummer, B.: Eine vereinfachte Methode zur Darstellung von Spannungstrajektorien, gleichzeitig ein Modellversuch für die Ausrichtung und Dichteverteilung der Spongiosa in den Gelenkenden der Röhrenknochen. Z. Anat. Entwickl.-Gesch. 119, 223–234 (1956)

Küppers, K.: Analyse der funktionellen Struktur des menschlichen Unterkiefers. In: Ergebnisse d. Anat. Entwickl.-Gesch. (1971) 44 (6). Berlin-Heidelberg-New York: Springer-Verlag (1971)

Landolt, H. H.: Über den Zahnwechsel bei Selachiern. Rev. suisse Zool. 54, 305–367 (1947)

Litman, G. W., Frommel, D., Rosenberg, A., Good, R. A.: Circular dicroic analysis of immunoglobulins in phylogenetic perspective. Biochem. Biophys. Acta 236, 647–654 (1972)

Lubosch, W.: Die permanenten knorpeligen Skeletteile. In: Handbuch der vergleichenden Anatomie der Wirbeltiere, Bd. 5. Berlin-Wien: Urban und Schwarzenberg 1938

Luther, A.: Untersuchungen über die vom Trigeminus innervierte Muskulatur der Selachier. Acta Soc. Sci. Fenn. 36, (3) (1908)

Luther, A., Lubosch, W.: Muskeln des Kopfes: Viscerale Muskulatur. In: Handbuch der vergleichenden Anatomie der Wirbeltiere, Bd. 5. Berlin-Wien: Urban und Schwarzenberg 1938

Marschall, N. B.: Das Leben der Fische, Teil I. In: Enzyklopädie der Natur, Bd. 8. Lausanne: Edition Rencontre

Mc Laughlin, R. H.: The ecology of heterodont sharks. Ph. D. Thesis (unpubl.). Univ. N. S. W., Sydney 1969

Mc Laughlin, R. H., O'Grower, A. K.: Underwater tagging of the Port Jackson shark. Bull. Inst. Oceanogr. Monaco 69 (1410), 3–11 (1970)

Mc Laughlin, R. H.: Life history and underwater studies of a heterodont shark. Ecol. Monogr. 41, 341–289 (1971)

Molitor, J.: Untersuchungen über die Beanspruchung des Kiefergelenkes. Z. Anat. Entwickl.-Gesch. 128, 109–140 (1969)

Moss, M. L.: Enamel and bone in shark teeth – with a note on fibrous enamel in fishes. Acta Anat. 77, 161–187 (1971)

Moss, S. A.: Tooth replacement in the Lemon shark (*Negaprion brevirostris*). In: Sharks, Skates and Rays (ed. Gilbert/Mathewson/Rall), pp. 319–329. Baltimore: Johns Hopkins Press 1967

Morelli, G.: Über Kaudruck. Wien. Vjschr. Zahnheilk. 4, 240 (1920)

Morelli, G.: Kaudruckmessung, ein Problem. Stomat. 31, 159–161 (1933)

Morelli, G.: Kaudruckwerte. Zahnärztl. Rdsch. 37, 246–250 (1928)

Parkyn, D. G.: On the statics of jaw musculature. Proc. Zool. Soc. (London) 140, 751–753 (1963)

Pauwels, F.: Die Bedeutung der Bauprinzipien des Stütz- und Bewegungsapparates für die Beanspruchung der Röhrenknochen. Z. Anat. Entwickl.-Gesch. 114, 129–166 (1949/50)

Peyer, B.: Comparative Odontology. The University of Chicago Press 1968

Preuschoft, H.: Muskeln und Gelenke der Hinterextremität des Gorillas. Morph. Jb. 101, 432–540 (1961)

Preuschoft, H.: Muskelgewichte bei Gorilla, Orang Utan und Mensch. Anthrop. Anz. 26, 308–317 (1963)

Preuschoft, H., Reif, W. E., Müller, W. H.: Funktionsanpassungen in Form und Struktur an Haifischzähnen. Z. Anat. Entwickl.-Gesch. 143, 315–344 (1974)

Reif, W. E.: Morphologie und Skulptur der Haifischzahnkronen. N. Jb. Geol. Paläont. Abh. 143, 39–55 (1973 a)

Reif, W. E.: Morphologie und Ultrastruktur des Hai-„Schmelzes". Zoologica Scripta 2, 231–250 (1973 b)

Richter, W.: Ist der Unterkiefer ein einarmiger oder ein zweiarmiger Hebel? – Beiträge zur Kaumechanik. Dtsch. Mschr. Zahnheilk. 39, 513–534 und 545–560 (1921)

Rohrbach, C., Eichner, K.: Messung der Kräfte beim Kauvorgang mit Widerstandsmessdosen von Molarengröße ohne Behinderung der Okklusion und Artikulation. Dtsch. zahnärztl. Z. 13, 146–155 (1958)

Romer, A. S.: Vertebrate Paleontology. 3. Aufl. Chicago/London: University of Chicago Press 1966

Roth, W.: Beiträge zur Kenntnis der Strukturverhältnisse des Selachierknorpels. Morph. Jb. 42, 486–555 (1911)

Satchell, G. H., Maddalena, D. J.: The cough or expulsion reflex in the Port Jackson shark. Comp. Biochem. Physiol. A. Comp. Physiol. 41, 49–62 (1972)

Schaeffer, B.: Comments on Elasmobranch Evolution. In: Sharks, Skates and Rays (eds. Gilbert/Mathewson/Rall), pp. 3–35. Baltimore: Johns Hopkins Press 1967

Schreiber, S.: Ein neues Gerät zur Messung und Registrierung von Kaukräften. Zahnärztl. Rdsch. 66, 127 (1957)

Schreiber, S., Motsch, A., Grönewald, J.: Statik des Alveolarfortsatzes – Modellexperimentelle Untersuchungen mit Hilfe der Spannungsoptik. Dtsch. zahnärztl. Z. 25, 36–47 (1970)

Schultze, E.: Druckverteilung und Setzungen. In: Grundbau-Taschenbuch Bd. 1, 2. Aufl. Berlin-München: Wilhelm Ernst & Sohn 1966

Schumacher, G. H.: Funktionelle Morphologie der Kaumuskulatur. Jena: VEB Gustav Fischer 1961

Schumacher, G., Schmidt, H.: Anatomie und Biochemie der Zähne. Stuttgart: Gustav Fischer 1972

Sewertzoff, A. N.: Die Entwicklung des Selachierschädels. In: Festschrift für Kupffer. pp. 281–320. Jena 1899

Snodgrass, J. M., Gilbert, P. W.: A shark bite-meter. In: Sharks, Skates and Rays (eds. Gilbert/Mathewson/Rall), pp. 331–337. Baltimore: The Johns Hopkins Press 1967

Smith, B. G.: The heterodontid sharks: Their natural history, and the external development of Heterodontus japonicus based on notes and drawings by Bashford Dean. In: The Bashford Dean Memorial Volume Archaic Fishes Part II, Article VIII. (ed. Gudger), pp. 649–673. Am. Mus. Nat. Hist. Publ. 1942

Stokes, E. E., Franklin, B. G.: Studies of the peripheral blood of the Port Jackson shark. Brit. J. Haemat. **20**, 427–435 (1971)

Taylor, L.: A revision of the shark family Heterodontidae. Ann Arbor (Michigan): University Microfilms 1972

Tiesing, B.: Ein Beitrag zur Kenntnis der Augen-, Kiefer- und Kiemenmuskulatur der Haie und Rochen. Jena. Z. Med. Naturw. **30**, 75–126 (1896)

Tomes, C.: Über die Befestigung der Zähne. Dtsch. Vjschr. Zahnheilk. **19**, 242–251 (1879)

Uhlig, H.: Über die Kaukraft. Dtsch. zahnärztl. Z. **8**, 30–45 (1953)

Urist, M. R.: Calcium and Phosphorus in the blood and the skeleton of the Elasmobranchii. Endocrinology **69**, 778–801 (1961)

Wahlert, G. von: Die Entstehung des Kieferapparates der Gnathostomen. Verhandlungsbericht der Dtsch. Zool. Gesellschaft. 64. Tagung. Stuttgart: Gustav Fischer 1970

Weigele, B.: Ein Versuch am Bau des Unterkiefers die Gesetze der Mechanik und Statik aufzufinden. Korresp.-Bl. Zahnärzte **47**, 3–19 (1921)

Yamada, H.: Strength of Biological Materials. Baltimore: Williams and Wilkins 1970

Sachregister

Bezahnung 9

Festigkeitsprüfungen, Druckversuche 38
Festigkeitsprüfungen, Scherspannung 38
Festigkeitsprüfungen, Zugversuche 40

Gelenkentlastung 7

Kaudruckmessungen 7
Kaumuskulatur, Muskelgewicht 14
Kaumuskulatur, M. adductor mandibulae 12
Kaumuskulatur, M. hyomandibulomandibularis 10
Kaumuskulatur, M. levator hyomandibularis 10
Kaumuskulatur, M. levator palatoquadrati 10
Kaumuskulatur, M. praeorbitalis 11
Kaumuskulatur, M. spiracularis 10
Kaumuskulatur, Wirkungslinien 14
Kieferaufhängung 8
Kiefergelenke, Scharnierbewegung 15
Kieferknorpel, Fibrillensysteme 25
Kieferknorpel, hyaliner Knorpel 24
Kiemenkonstriktoren 10
Kieferokklusion, Hauptquetschzahnreihen 17
Kieferokklusion, Quetschzähne 15

Lebensgewohnheiten 9

Rißlinienmuster 47

Statik, Lastumformung 28
Statik, Ortsständigkeit des Hauptquetschzahnes 31
Statik, Widerstandsmoment 31
Statik, Zug- und druckfreies Gelenk 31
Spannungstrajektorien, Druck- und Zugspannung 42
Spannungstrajektorien, Verlauf 45
Systematik 9

Träger gleicher Festigkeit, Bereich höchster Biegebeanspruchung 38
Träger gleicher Festigkeit, Widerstandsmoment 35

Verformung, elastisches Ausknicken 39
Verformung des Kieferkörpers 39
Verformung, mechanische Belastbarkeit 42
Verformung, Umformung von Druck- in Zugbelastung 39
Verformung, Zugversuche 40
Verkalkungsgrad des Kiefers und der Zähne 20

Zahnhalteapparat, Lastaufteilung 27
Zahnhalteapparat, Materialverteilung 20
Zahnhalteapparat, Mehrpunktabstützung 27
Zahnhalteapparat, Zahnbett 22

Other Reviews of Interest in this Series Published in English

Volume 47

Part 4: **Haug, F. M. S.**: Heavy Metals in the Brain. A light microscope study of the rat with Timm's sulphide silver method. Methodological considerations and cytological and regional staining patterns. 40 figures. 71 pages. 1973.

Part 5: **Pannese, E.**: The Histogenesis of the Spinal Ganglia. 25 figures. 97 pages. 1974.

Volume 48

Part 2: **Sousa-Pinto, A.**: Cortical Projections of the Medial Geniculate Body in the Cat. 19 figures. 42 pages. 1973.

Part 3: **Vanpeperstraete, F.**: The Cartilaginous Skeleton of the Bronchial Tree. 42 figures. 80 pages. 1973.

Part 4: **Oksche, A; Farner, D. S.**: Neurohistological Studies of the Hypothalamo-Hypophysial System of Zonotrichia leucophrys gambelii (Aves, Passeriformes). With Special Attention to its Role in the Control of Reproduction. 74 figures. 136 pages. 1974.

Volume 49

Edinger, T.: Paleoneurology 1804-1966, an Annotated Bibliography. 258 pages. 1975.

Volume 50

Part 1: **Aldskogius, H.**: Indirect and Direct Wallerian Degeneration in the Intramedullary Root Fibres of the Hypoglossal Nerve. An Electron Microscopical Study in the Kitten. 59 figures. 78 pages. 1974.

Part 2: **Vigh-Teichmann, I.; Vigh, B.**: The Infundibular Cerebrospinal-Fluid Contacting Neurons. 24 figures. 91 pages. 1974.

Part 3: **Raedler, A.; Sievers, J.**: The Development of the Visual System of the Albino Rat. 16 figures. 88 pages. 1975.

Part 4: **Ribi, W. A.**: The Neurons of the First Optic Ganglion of the Bee (Apis mellifera). 21 figures. 43 pages. 1975.

Part 5: **Halata, Z.**: The Mechanoreceptors of the Mammalian Skin. Ultrastructure and Morphological Classification. 11 figures. 77 pages. 1975.

Volume 51

Part 1: **Putte, S. C. J. van der**: The Development of the Lymphatic System in Man. 33 figures. 60 pages. 1975.

Part 2: **Raedler, A.; Sievers, J.**: Influences of Experimental Brain Edema on the Development of the Visual System. 27 figures. 60 pages. 1975.

Part 3: **Pexieder, T.**: Cell Death in the Morphogenesis and Teratogenesis of the Heart. 52 figures. 100 pages. 1975.

Part 4: **Svendgaard, N. A.; Björklund, A.; Stenevi, U.**: Regenerative Properties of Central Monoamine Neurons. 24 figures. 77 pages. 1975.

Volume 52

Part 1: **Ibrahim, M. Z. M.**: Glycogen and its Related Enzymes of Metabolism in the Central Nervous System. 13 figures. 89 pages. 1975.

Part 2: **Cau, P.; Michel-Béchet, M.; Fayet, G.**: Morphogenesis of Thyroid Follicles in Vitro. 16 figures. 66 pages. 1976.

Part 3: **Tiedemann, K.**: The Mesonephros of Cat and Sheep. Comparative Morphological and Histochemical Studies. 47 figures. 119 pages. 1976.

Part 4: **Haug, F.-M. Š.**: Sulphide Silver Pattern and Cytoarchitectonics of Parahippocampal Areas in the Rat. Special Reference to the Subdivision of Area Entorhinalis (Area 28) and its Demarcation from the Pyriform Cortex. 49 figures. 73 pages. 1976.

Part 5: **Phillips, I. R.**: The Embryology of the Common Marmoset (Callithrix jacchus). 22 figures. 47 pages. 1976.

Springer-Verlag Berlin - Heidelberg - New York

Advances in Anatomy
Embryology and Cell Biology

Ergebnisse der Anatomie und Entwicklungsgeschichte

Revues d'anatomie et de morphologie expérimentale

Editors:
A. *Brodal, Oslo* · W. *Hild, Galveston* · J. *van Limborgh, Amsterdam*
R. *Ortmann, Köln* · T. H. *Schiebler, Würzburg* · G. *Töndury, Zürich*
E. *Wolff, Paris*

Vol. 52 (Fasc. 1—6)

Springer-Verlag

Berlin Heidelberg New York 1975/1976/1977

ISBN 978-3-540-08038-1 ISBN 978-3-642-66552-3 (eBook)
DOI 10.1007/978-3-642-66552-3

This work is subject to copyright. All rights are reserved, whether the whole or part of the material is concerned, specifically those of translation, reprinting, re-use of illustrations, broadcasting, reproduction by photocopying machine or similar means, and storage in data banks

Under § 54 of the German Copyright Law where copies are made for other than private use, a fee is payable to the publishers, the amount of the fee to be determined by agreement with the publishers
© by Springer-Verlag Berlin · Heidelberg 1975/1976/1977

The use of general descriptive names, trade names, trade marks, etc. in this publication, even if the former are not especially identified, is not to be taken as a sign that such names, as understood by the Trade Marks and Merchandise Marks Act, may accordingly be used freely by anyone

Contents

Fascicle 1: **Glycogen and its Related Enzymes of Metabolism in the Central Nervous System**

M. Z. M. Ibrahim

Fascicle 2: **Morphogenesis of Thyroid Follicles in Vitro**

P. Cau, M. Michel-Béchet, G. Fayet

Fascicle 3: **The Mesonephros of Cat and Sheep**
Comparative Morphological and Histochemical Studies

K. Tiedemann

Fascicle 4: **Sulphide Silver Pattern and Cytoarchitectonics of Parahippocampal Areas in the Rat**
Special Reference to the Subdivision of Area Entorhinalis (Area 28) and its Demarcation from the Pyriform Cortex

F.-M. Š. Haug

Fascicle 5: **The Embryology of the Common Marmoset**
(Callithrix jacchus)

I. R. Phillips

Fascicle 6: **Die Biomechanik des Kieferapparates beim Stierkopfhai**
(Heterodontus portusjacksoni = Heterodontus philippi)

G. Nobiling

If you have any concerns about our products,
you can contact us on
ProductSafety@springernature.com

In case Publisher is established outside the EU,
the EU authorized representative is:
**Springer Nature Customer Service Center GmbH
Europaplatz 3, 69115 Heidelberg, Germany**

Printed by Libri Plureos GmbH
in Hamburg, Germany